Barbara von Wulffen

Lichtwende

Barbara von Wulffen

Lichtwende

Vorsorglicher Nachruf auf die Natur

EDITION INTERFROM

CIP-Kurztitelaufnahme der Deutschen Bibliothek

Wulffen, Barbara von:
Lichtwende: vorsorgl. Nachruf auf d. Natur / Barbara von Wulffen. —
Zürich: Edition Interfrom; Osnabrück: Fromm, 1985.
(Texte + [und] Thesen; 178)
ISBN 3-7201-5178-6

Vertrieb für die Bundesrepublik Deutschland:
VERLAG A. FROMM, Osnabrück
Gestaltung: Zembsch' Werkstatt, München
Gesamtherstellung: Druckhaus Fromm GmbH, Osnabrück

Meinem Lehrer und Freund
Dr. Walter Wüst
dem Herausgeber und Mitautor
der „Avifauna Bavariae“
in Dankbarkeit gewidmet.

Inhalt

Lascaux

Hier waren wir vor fünfzehntausend Jahren
Von hier sind wir hinausgefahren
die Flüsse abwärts und die Seen querend
uns selbst vergessend und die Welt verheerend:
Das heimliche Geborgensein im Fels verraten
Statt eines Traumes lauter leere Taten
bis daß der Blick nach langen Zeiten
die Grotte wiedersieht: Die Stätte des geweihten
des Mitgetiers aus fernen Ewigkeiten
des unaufhaltsam ausgestorbenen Weggenossen:
Zieh deinen Kreis: er ist noch nicht geschlossen.

Günter Kunert

Lascaux – Keine Rückkehr dorthin

Fachleute verschiedener Disziplinen hatten sich vor Jahren darangemacht, die Höhle von Lascaux im Südwesten Frankreichs mit den rund 15 000 Jahre alten Tierbildern so getreu nachzubilden, daß die bald notwendig gewordene Schließung der Höhle im Tal der Vézère keinen völligen Verlust für das Publikum bedeutet. Die Nachbildung von Lascaux, 1982 in Hildesheim gezeigt, vermittelt einen tiefen Eindruck dieses alten, doch zugleich auch im Rahmen des Paläolithikums späten Kulturdenkmals der ausgehenden Eiszeit, des Magdalénien.

Idealisieren wir den Cro-Magnon-Menschen, den Schöpfer dieser und anderer, weit älterer Kunst jedoch nicht zu sehr. Er hatte 20 000 Jahre zuvor den Neandertaler – nun, zumindest verdrängt. Als erfolgreicher Jäger (zu sammeln gab es damals nicht viel) hat er das Wildpferd dezimiert, das er mitunter herdenweise über Felsklippen trieb. Es gibt eine Fundstelle mit Resten von 100 000 Tieren. Auch er war schon kein Paradiesesbewohner mehr. Er tötete, um zu leben, nahm sich, wessen er habhaft wurde, zur Zeit von Lascaux vor allem Rentier, Rind und Pferd. Das Mammut war in dieser Gegend schon verschwunden, wohl auch nicht ohne Mitschuld der Menschen.

Aber mit uns verglichen, erscheint er dennoch als ein völlig anderer Mensch: nämlich zugleich als ein Verehrender, als ein sein Wild kultisch feiernder Jäger „des geweihten Mitgetiers“, also vermutlich in einer Haltung, die wir bei den wieder zu hohen Ehren gekommenen Prärieindianern in ihren Dichtungen lebendig finden und uns neu zu Herzen nehmen.

Es führt kein sich schließender Kreisweg dahin zurück. Aber unser Weg mag ein offen kreisförmiger sein, der weiterführt, nicht einfach über Felsklippen abbricht. Wir wollen an die Spirale glauben. So führt der steile Weg den Läuterungsberg Dantes empor, und er windet sich nicht in alle Ewigkeit weiter.

Im Folgenden wird nach einer Betrachtung über den Wandel unseres Verhältnisses zur Natur dazu eingeladen, in sieben Abschnitten einen Weg durch die verschiedenen heimischen Landschaften zurückzulegen, der vom Wattenmeer und vom Wasser weiterführt über Moor, Wiese, Wald, Gebirge bis zur Luft, die ja auch eine eigene Landschaft ist. Dieser Weg ist als eine Aufforderung gedacht, inmitten allgemeinen Aussteigens eine Einsteigergesinnung zu entwickeln. Ohne sie besteht wenig Hoffnung auf ein wirklich verändertes Umweltverhalten der Menschen.

Vom Anblick der Amseln, abends
durchs Unvergitterte, das
mich umringt,

versprach ich mir Waffen.

Vom Anblick der Waffen — Hände,
vom Anblick der Hände — die längst
vom flachen, scharfen
Kiesel geschriebene Zeile

— Welle, du
trugst ihn her, schliffst ihn zu,
gabst dich, Un-
verlierbare, drein,
Ufersand, nimmst,
nimmst auf,
Strandhafer, weh
das Deine hinzu —,

die Zeile, die Zeile,
die wir umschlungen durchschwimmen,
zweimal in jedem Jahrtausend,
all den Gesang in den Fingern,
den auch die durch uns lebendige,
herrlich-undeutbare
Flut uns nicht glaubt.

Paul Celan

Einladung zu Wahrnehmung und Liebe

Seit einigen Jahren bieten Samenhandlungen kleine Beutel an mit einem Bündel Pflanzenleben in Torfmull: Venusfliegenfalle, Dionaea, „fleischfressende“ Pflanze, wie ein Etikett furchterregend belehrt. In Wirklichkeit ist das ein weißblühendes Gewächs aus dem südöstlichen Nordamerika, dessen behaarte Blätter bei Berührung von der Mittelrippe aus rasch zusammenklappen und gefangene Insekten verdauen können. Die Venusfliegenfalle ist leichter zu pflegen als die armen Laubfrösche, daher ein hübsches Geschenk für Stadtkinder – und sie kommt notfalls auch ohne Fliegen aus. Pflanzen mit ähnlichem Appetit haben wir auch in unseren Mooren, das weiß oder lila blühende Fettkraut, Pinguicula, oder den zierlichen Sonnentau der Hochmoore, Drosera. Er fängt mit seinen winzig roten klebrigen Blattentakeln Insekten und bereichert so seine spärliche Hochmoornahrung wie mit Dünger. Er gehört zur selben Familie der Droseraceen wie die Venusfliegenfalle.

Es sei aber niemand dazu ermuntert, den Sonnentau im Moor draußen bei seiner Mahlzeit zu beobachten. Zum einen dürfte es ziemlich weit bis zum nächsten noch lebenden Hochmoor sein. Es gibt deren kaum mehr welche. Zum anderen bekäme dem Moor dieser Besuch schlecht, falls nicht ein Knüppeldamm hineinführt, was wir um der Ruhe etwa dort noch wohnenden Birkwildes nicht wünschen wollen. Tief sinkt der Fuß in die feuchten Polster ein und verletzt sie mit jedem Tritt, verdichtet sie, hemmt ihr weiteres Wachstum, so daß aus ihnen Wassermulden werden. Wildwechsel durchs Hochmoor verwandeln sich allmählich in lange Reihen von Tümpeln, sogenannte „Schlenken“.

Besser ist schon der Besuch eines guten botanischen Gartens. In München z. B. gibt es dort kleine Vivarien, wo unter Glas solche insektenfangenden Pflanzen gut zu beobachten sind, die sich weltweit verbreitet finden. Außerdem führt in der Nähe ein Knüppelweg aus knorrigen Holzprügeln durch nachgebildete Moor- und Heidelandschaften mit vielerlei Pflanzengemeinschaften. Auf einer Gebirgswanderung mögen auch Moorparzellen am Wege liegen. In feuchten Senken entstehen da zuweilen Hochmoorgesellschaften im kleinen, die wenigstens eine Ahnung davon geben, wie diese aufgewölbten, fast baumlosen Einsamkeiten einmal ausgesehen haben. Da nun nicht hineinzutrampeln wäre eine Rücksicht, die uns der Anblick und die Kenntnis des Sonnentaus lehren können. Um ihn nicht endgültig zu verlieren, müssen wir ihn sowohl kennen- wie auch lassenlernen.

Dieses Kennen- und Lassenlernen als Erziehungsziel birgt reformerischen Sprengstoff. Seit vielen Jahren bestehen die Schulen im Bereich Sachkunde, später in Biologie, Physik, Chemie und Anthropologie nämlich vor allem darauf, vorweg wissenschaftlich definierte Natur- und Weltmodelle immer kleineren Kindern als wenig einladende, wenig bekömmliche, aber angeblich sehr nötige Diät vorzusetzen.

Im Biologieunterricht der ersten Gymnasialklasse sollen Zehnjährige etwa lernen, daß wir zur Ernährung Eiweiß, Fett und Kohlehydrate benötigen. Kohlehydrate seien im Getreide vorhanden. Abgesehen davon, daß ein Wort wie Kohlehydrate für Schüler dieses Alters, ohne Latein-, Griechisch- und Chemiekenntnisse, ein Monstrum darstellt, gut nur zu raschem Vergessen, wird man unter diesen Kindern wenige finden, die Getreidesorten vom Namen, gar vom Anschauen her kennen. Die Grundschule hat sich nämlich auch schon voreilig mehr mit Nahrungsketten, Funktionskreisen und vereinfachten Vererbungsregeln befaßt, Stoff also zu garantiert eiligem Vergessen, anstatt in Ruhe die Farbabstufungen im Grün junger Saaten, die Gestalt von Ähren, die Form der verschiedenen Getreidekörner zu vergleichen und die Namen einzuprägen. Wäre es nicht besser, den zu den Knöterichgewächsen gehörenden Buchweizen, eine einst weit verbreitete Feldfrucht, kennenzulernen oder den Dinkel als urtümlichen Weizen, seine Herkunft und Zucht sowie die Verarbeitung zu Schrot, Grieß oder Feinmehl, statt Kohlehydrate, Fett und Eiweiß in ein Ernährungsschema zu pressen? Ohne die Natur erst einmal mit Auge und Ohr kennengelernt zu haben, bekommen Schüler die Waffen zu ihrer Beherrschung in die Hände gedrückt. Uns selbst aber, geschweige den Kindern, legen wir keinerlei Rechenschaft ab über diese folgenreiche Einschränkung des Naturverständnisses, über diesen stillschweigenden Verzicht auf die Phänomene unserer Welt.

Vor etwa 400 Jahren haben vereinzelte Denker und Forscher den Entschluß gefaßt, die Welt als Maschine zu betrachten, an der nur ihr Funktionieren interessiert, nicht sie selbst. Der wissenschaftliche und wirtschaftliche Erfolg, der diesen Entschluß später belohnte, hat jener immer weiter verfeinerten Maschinentheorie die Weihe absoluter Wahrheitslehre verliehen, die noch heute jeden Abtrünnigen als Ketzer verdammt. Doch mehren sich diese Ketzer, je tiefer sich die Zweifel am weiteren Erfolg jener alten Denkentscheidung in die Menschen einfressen, je deutlicher die fatalen Folgen ins Auge fallen.

Wir stehen nun immer öfter sauber gekleidet an schmutzigen Flüssen, picknicken üppig am Rande öder Agrarflächen, machen es uns warm und hell über

den dahinschwindenden Resten einst unerschöpflicher Vorräte. Alles haben wir uns angeeignet und fangen nun an, uns unbehaglich zu fühlen, ängstlich, einsam mit uns selber. Nur noch wenige wissen sich in dieser Welt daheim. Die meisten kennen ja auch nur noch die alte Maschinentheorie über sie, nicht mehr sie selbst.
Vor einem Reisighaufen am Münchner Isarufer stehend, aus dem heraus ein Zaunkönig sein Lied schmettert, leuchtet es dem Spaziergänger heute schon eher ein, wenn jemand ihm sagt, hier verteidige ein gefiederter Flugwarmblüter sein Revier, als zu erfahren: Das ist ein Zaunkönig, er singt, er ist unverkennbar. Die zweite Auskunft klingt nicht nur hübscher, sie ist auch wahrer als die erste. Es ist Herbst, die Keimdrüsen der Vögel ruhen, Reviere spielen jetzt keine große Rolle, und das Lied geht ohnedies weit über seine Teilfunktion als Revierabgrenzungsruf hinaus. Hier begegnen wir einem geheimnisvoll in seiner eigenen Innerlichkeit wie augenscheinlich in seiner Selbstoffenbarung sich zeigenden Geschöpf. Es tritt vor uns in Erscheinung. In seinem Erkennen und Benennen werden wir selber in der Welt heimisch. Der Zaunkönig am Fluß singt uns nachbarlich hinein.
Führen wir ein Kind an der Hand zur Oktoberhecke, in der ein ganz leises, vielfältiges Musizieren erklingt. Man hört es nur, wenn man sehr nahe davorsteht. Plötzlich sehen wir dicht vor unseren Augen eine große, ins Laub geduckte Amsel. Sie singt wie improvisierend, mit halber Stimme, völlig anders, als sie es in ein paar Monaten vom First des noch winterlichen Daches aus tun wird, einem Frühling entgegen, an den noch niemand recht glauben kann. Zu sagen, sie übe jetzt nur, ist nicht ganz falsch, reicht aber nicht aus. Denn dieser Jugend- oder Herbstgesang ist besonders reich an Motiven und Varianten und musikalisch weit

vollkommener als der laut vorgetragene Revier- und Balzgesang einige Wochen später mit seinem viel stereotyperen Vortrag. Vor allem nämlich stellt sich hier ein Vogel als Amsel dar, jetzt, kurz nach der Mauser, zwar weniger festlich als im Frühjahr, aber doch ebenso unverwechselbar. Einem Kind zu sagen: „Horch, da singt eine Amsel", wäre beste ökologische Erziehung.

Im Wort Ökologie steckt das griechische Wort für bewohnten Raum, für Heimat. Um in der Welt daheim sein zu können, muß man sie kennen, lieben, beweinen lernen. Später wird ein in diesem Sinne erzogenes Kind auch fähig, Verantwortung für diese geliebte Welt zu übernehmen, sie zu verteidigen, um sie zu leiden, für sie Opfer zu bringen. Wo hingegen nur Haß auf „die da", die bösen anderen, den Naturschutz bewegt, wird wenig Gutes für das Leben herauskommen.

Naturschutz, noch unlängst etwas für romantische Sonderlinge, ewig gestrige Liebhaber besonderer Blumen, die sonst keiner kannte, ist beinahe über Nacht zu einer meist aggressiven Forderung fortschrittlicher Geister geworden. Aber wie es so geht: Die Sache hat einen neuen Namen bekommen, Ökologie, hat sich verändert und den Sinn von bewohnter Welt verloren. Man hat flugs für die alten Maschinenteile ein Supersystem ausgeklügelt, einen Kreislauf, denn so leicht denkt der Mensch bekanntlich nicht um, und schon läuft alles im Kreis, im Mittelpunkt der Mensch, wie zuvor. In den Schulbüchern finden sich nur noch Schemata von Nahrungsketten, Wirkungskreisläufen, ökologischen Vernetzungen, Jäger-Beute-Gleichgewichten. Die Kybernetik hat die schon etwas ausgeleierte Naturmaschine auf neue verfeinerte Touren gebracht. Vom begrenzten Standpunkt einer Nutzenrechnung für den Menschen aus ist das ja auch einleuchtend.

Aber in die Welt führt dies alles das Kind nicht ein. Sie ist nämlich vor aller wissenschaftlichen Interpretation erst einmal: Erscheinung, Gestalt. Im übrigen ist es gar nicht einmal so sicher, daß jedes Lebewesen wirklich unentbehrlich ist für seinen jeweiligen Bereich, seine Umwelt. Nicht einmal ist richtig, daß eine vielfältige Lebensgemeinschaft stabiler wäre als eine einfache. Der Urwald, artenreich wie nur etwas, ist störanfällig; der Halbwüste hingegen mit ihren wenigen, anspruchslosen, an Hitze, Kälte und Trockenheit angepaßten Tieren und Pflanzen kann nicht mehr viel passieren. Das arten- und nährstoffarme Hochmoor ist, gräbt man ihm nicht das Lebenswasser ab, recht stabil, wächst sogar über seine Umgebung hinweg.

Wenn der Sonnentau aus unserer Welt verschwände, bräuchten wir, was seinen Nutzen angeht, wenig Aufhebens zu machen. Weder fängt er so viele Insekten, daß er irgendeine Fliegenart im Zaume hielte, noch schmeckt er einem besonderen Pflanzenfresser. Festzustellen, er habe bezaubernd ausgesehen und absonderlich gelebt, kommt seiner Besonderheit weitaus am nächsten. Er ist in seiner Art einmalig und unwiederbringlich. Er, gerade auch er enthüllt das Wesen der Schöpfung als Vielfalt, als Unterschiedensein.

Das Fehlen des Sonnentaus würde vielleicht auch noch anzeigen, daß es nun keine Hochmoore mehr gäbe, und das ginge einher mit dem Versiegen des Trinkwassers bei absinkendem Grundwasserspiegel. Der Sonnentau mag demnach als Indikator bedrohlicher Veränderungen sogar ein wenig „nützlich“ sein. Ein umständlicher Gedankengang fürwahr, um einem Kind den Wert einer schönen, hochspezialisierten Blume zu erläutern. Daß dieser theorie- und abstraktionsbefrachtete Umweg zur Welt das Kind an den Naturschutz heranführen werde, ist unwahrscheinlich. Für Kreis-

läufe, Systeme, Regelkreise wird ein junger Mensch kaum Herz und Geist in die Schanze werfen. In der sogenannten Grünen Partei ist von Landschaft, Pflanzen und Tieren wenig die Rede. Die Kenntnis der konkreten Natur ist dort besonders kümmerlich.
Wie soll ein Kind hinter spröden Welterklärungshypothesen der Schule noch Dingen begegnen, wie soll es diese fertigen, zugeknöpften Erwachsenenantworten beiseite schieben können, gar merken, daß das keineswegs Antworten auf seine Weltfrage sind, die zunächst lautet: Wie *heißt* das, und was *ist* das? Die Kinder scharren bald freudlos im Scherbenhaufen einer zu Tode zerforschten Wirklichkeit, und wenn sie die Lust zu leben vor Beginn ihres Weges schon verläßt, setzen sich Kommissionen zusammen und diskutieren die Antriebsschwäche der Jugend.
Nein, das Postulat hieße: den Zaunkönig, die Amsel, den Sonnentau kennen- und lassen lernen. Das klingt einfach und ist doch schon deshalb so schwer, weil auch der Erwachsene bereits kennen muß, was er zeigen will. Um etwas schützen zu wollen, muß man es liebhaben können. Lieben heißt aber bekanntlich nach alter Bibeltradition: Erkennen. Am Beginn jeden Erkennens steht ein Name. Dem Naturkundigen ist die heiße Welle der Begeisterung vertraut angesichts eines von ihm bisher noch nicht geschauten Wesens, eines Insektes, einer Blume, eines Vogels. Dem fassungslosen Entzücken folgt der erregte Griff nach dem Bestimmungsbuch, die Suche nach dem Namen, falls der nicht längst gewußt und sehnsüchtig nach wirklicher Begegnung jahrelang im Herzen getragen wurde: Da — da bist du ja, du — Eisvogel. Fast verschwunden hierzulande, sitzt er auf dieser Kette, die Naturschützer über den Ammerkanal gespannt haben gegen Bootsfahrer und Schwimmer; funkelt mit Türkisrücken, ist

flammend rotbraun und groß, schnabelkräftig auf Fische aus und läßt mich wissen: Hier bin auch ich zu Hause, hierher kehre ich zurück; vielleicht werde ich mein weiteres Leben um dich, Eisvogel, trauern müssen. Aber ich werde mich auch für dich einsetzen und dein Revier, so schwer es mir fällt, in der Brutzeit meiden, dich in Ruhe lassen.

Zu solchem Enthusiasmus bedarf es, abgesehen vielleicht von ein wenig Begabung, vieler Lern- und Entdeckerjahre, vor allem aber der Führung eines inspirierten Lehrers, der das Feuer weitergeben kann. Dieses Feuer entzündet sich nicht an Hypothesen, in deren Innerstem egoistische Gene aus der Sicherheit ihres gemütlichen Zellkernes heraus und von den Sprossen ihrer raffinierten Doppelhelix herab uns unsere Weltverlorenheit zuzischeln: Nichts seien wir, niemand und wohnhaft im Nirgendwo. Vielleicht daß einmal ein Kind fragen mag, woher die Gene das denn so genau wüßten? Eine solche Frage würde weit ins Offene führen, wo eine Sichtwende auf uns wartet: Weder sind die Gene das erste, gar das Eigentliche, noch haben sie uns das geringste zu sagen. Die Erscheinungen der Natur, Libelle, Eisvogel, Enzian, und der Blitz der Begegnung, aus dem auf unerforschliche Weise die Namen sprühen, das ist der Anfang, ist ein Geheimnis und seine Offenbarung zugleich.

Die Reduktionen der Natur auf Kausalketten und auf die Bedingungen für ihr Entstehen sind eine für unsere Epoche charakteristische Weise des Denkens und Erklärens, die von uns ausgeht, nicht von der Natur. Dieses Denken ist abgeleitet aus bestimmten, keineswegs allen Bewegungen unseres Verstandes. An seinem Anfang stand das ursprüngliche Staunen über das, was ist. Am Anfang stand nicht die Desoxyribonukleinsäure, die DNS des Zellkerns.

Der Weg hat uns mittlerweile so weit von diesem Staunen weggeführt, hinein in den Gebrauch, dann in den Verbrauch und Verschleiß der Natur, daß wir schon fast nicht mehr fähig sind zu unverstellter Weltwahrnehmung.
Unsere Kinder steigen indes in Scharen aus einer Gesellschaft aus, in der ein angeblich alleinseligmachender Wissenschaftsglaube uns durch seine Dogmen zum Nichtsein verurteilt und die Welt während ihrer mürrisch absolvierten Evolution zwischen Urknall und Endkollaps aller augenfälligen Schönheit entkleidet hat. Erst ist das in der Theorie geschehen, als es der Forschung darum gegangen war, hinter den Erscheinungen die Gesetze hervorzuholen, die dann die Erscheinungen verschlungen haben. Dann ist die Praxis gefolgt mit Zerstörungen, die jeder einfache Spaziergänger auf geradem Asphaltweg zwischen Rübenfeldern und betonierten Wasserrinnen wahrnimmt.
Trotzdem, oder gerade deshalb wäre es falsch, Kindern nun so früh wie möglich die Gefahr und angebliche Hoffnungslosigkeit unserer Lage um die Ohren zu schlagen, sie mit gestörten Gleichgewichten und Ökosystemen vollzustopfen. Nein, das Gebot der Stunde heißt, diese kritische, für Fehler anderer Leute so überaus empfindliche Generation der Sensiblen zum Einsteigen in eine Welt einzuladen, die so viele Menschen gar nicht mehr unvergittert wahrnehmen können.
Ist doch mit der postulierten und teilweise auch längst stattfindenden Verringerung der Welt zur gestörten Umwelt eine schmerzhafte Blickverengung eingetreten. Zu allererst gilt es, den Blick wieder zu weiten, damit die nur noch als Umwelt einer dem materiellen Nutzen nachjagende Menschheit erlebte Erde wieder neu als Welt erkennbar wird. Dieser so sehr von Untergangsstimmung geprägten Generation müssen die

Augen aufgehen für immer noch möglichen, ja vielleicht nach so viel Abenddämmerung gerade wieder wahrscheinlichen Weltaufgang: Horch, wie der Zaunkönig singt! Schau, wie der Sonnentau blüht. Gefahr macht hellsichtig, schenkt klarere Augen, solange Angst nicht wiederum blind macht. Wir könnten mehr sehen als unsere Vorväter. Allerdings sind wir auf einmal verantwortlich geworden für diese Mitgeschöpfe, die wir vorgefunden haben. Das ist das Neue, mit keiner vergangenen Zeit Vergleichbare.

Sicher, wir haben schon viel verloren. Aber ist es deshalb folgerichtig, auch das, was wir noch haben, aus dem Blick zu verlieren? Weite erschließt sich – das ist eine Regel der Perspektive – dem Auge aus Nähe. Also lernen und lehren wir die Nähe. Hier, vor der Haustüre, mitten in der Stadt ist Natur, singen z. B. vielerlei Vögel, die zu kennen jeden Gang durch den nächsten Park zu einem Abenteuer macht. Dreißig und mehr Stimmen füllen einen einzigen Morgen. Nachts im Herbst mögen Keile von Graugänsen zu sehen, der Ruf ziehender Kraniche zu hören sein. Sie kommen von weither aus dem Norden, wollen in Spanien, Nordafrika überwintern. Die Kampfläufer, die nördlich von München im Europareservat des Ismaninger Speichersees rasten, haben an den Küsten des ostsibirischen Eismeeres gebrütet. Die Zeisige, die scharenweise während der Spätwinterwochen in unseren Vorgärten den Frühling einsingen, zerstreuen sich bald danach in Belgien, Finnland oder Rußland. Wer derlei weiß, hat mehr Heimat als der Ahnungslose, und sein Blick reicht um die halbe Erde, auch wenn er nicht auf Reisen geht.

Dieserart Einsteigen in die Welt, um in ihr wieder daheimsein zu können, ist Voraussetzung für jeden Naturschutz. Wer Wachtel und Rebhuhn kennt, mag bereit sein, mit weniger Gift und mehr Schweiß, mit längerer Arbeitszeit bei geringerem Lohn also, Felder so zu bestellen, daß sie keine Mais- oder Rübensteppen sind. Er wird allerdings seinen Kopf ziemlich anstrengen müssen im Kampf gegen Schädlinge, die ihm auch im „biologischen" Feld seine Ernte streitig machen. Der gute Wille ist nur der Anfang. Die Natur ist alles andere als harmlos: Im ungebeizten Saatgut etwa lauert das Mutterkorn, das ein Gift ohnegleichen enthält. Für Träumer ist das nichts, naive Experimente können lebensgefährlich enden. Die Umwelt kann nur retten helfen, wer als Naturkundiger, als Realist, nicht als Romantiker in ihr wieder die Welt zu erleben gelernt hat, die schön, gefährlich, grausam ist in ihren Phänomenen.

Vielleicht ist die Verworrenheit dieser politischen Lage, das drohende Auseinanderbrechen der Gesellschaft und Kultur in Beharrende und in Aussteiger unser schicksalhafter Scheideweg mit den bekannten zwei Möglichkeiten: Entweder weitere Zerstörung der Welt, weil viele weitermachen wollen wie bisher und viele einfach aussteigen und kaputtschlagen wollen; oder Einsteigen in die Welt, sie kennen und lassen und durch klügeren Umgang aus ihr gewinnen lernen, was sie noch immer für uns bereithält.

Amrum

Kiefernquaste, Krähenbeere.
Ob die Schöpfung hier begann?
Legte ich an Circes Insel,
Insel der Verwandlung an?

Scheint in Wasser, Gras und Stein
Schöpfung ausgeruht,
Circe kommt: sie rühren sich
Mit dem ersten Mut.

Kniepsand vor dem Brandungssturm,
Windgehobeltes Parkett;
Wattenmeer entgegensteigt
Seelavendels Violett.

Wollen Hügel Berge sein?
Wieviel Jahre alt?
Eingeweide, warmer Schnee,
Quillt aus jedem Spalt.

Wanderdüne, Windes Fang,
Haferhalm der Zaum,
Kurzen Verses gelinder Zwang
Fessel meinem Traum.

Wilhelm Lehmann

Wattenmeer – Die Welt am dritten Schöpfungstag

Die Abendsonne wirft blitzende Streifen über graue, bis zur Kimmung trockengefallene Schlickflächen. Keine Erhebung begrenzt den fern scheinenden, von einer hochgestaffelten Wolkenlandschaft überwölbten Horizont. Jede Silhouette im Weiten erscheint riesig. Eine Wolke löst sich, kommt näher, wendet, braust heran — tausend, zehntausend kleine Vögel fallen ein, laufen zwischen Sonnenflecken in flachen Tümpeln hin und her, um nach einer Weile aufzusteigen, einige Male zu schwenken und – wieder als Wolke – sich im Dunst zu verlieren. Die Luft vibriert nach, scharfe Rufe beunruhigter Austernfischer, schwarzweiß gemusterter, behäbiger Vögel mit roten Schnäbeln begleiten dieses Ereignis vom Boden her. Das Grau, Braun und Oliv ringsum gibt zwar kaum Hinweise auf die Jahreszeit. Die Schwärme der vom Mittelmeer heimkehrenden Alpenstrandläufer bedeuten aber Frühling. Das von aufgetürmten Eisschollen befreite Watt ist zum Leben erwacht.

Erst vor knapp 100 Jahren wurde die Landschaft der Waterkant von Erholungsuchenden entdeckt, zunächst vor allem wegen der Sandstrände zum offenen Meer hin. Das Watt zwischen Festland und Inseln blieb noch weitere Jahrzehnte Land vor dem Deich, Grenzland. Die Marsch hinter dem Deich wurde von kühnen Menschen verteidigt und gerade deshalb so geliebt, weil die kultivierte Geborgenheit der großen Höfe so bedroht blieb. Von dort sah man das wutbrüllende Meer schmutzigen Schaum die Deiche hinaufspritzen, es unterwühlte sie mit tückischen Prielen; die Dämmerung über dem Watt drang wüst heran, Nebelgestalten geisterten über saugendem Schlamm. Geschrei von Vögeln klang mißtönend herüber. Klug rechnend und deichend, wurde Koog um Koog hinzugewonnen, häßlicher salziger Schlick in kleeduftende Wiesen, Gärten, Felder verwandelt.

So sah man's bis in unser Jahrhundert. Theodor Storm hatte gültige Worte gefunden. Erst vor einigen Jahrzehnten hat dieses scheinbare Unland vor den Deichen, das Vorland, wie es noch heute heißt, angefangen, sich einzelnen Menschen als letzte Urlandschaft neben dem Hochgebirge in eigener Schönheit zu erschließen. Feldornithologen, diese Narren, Liebhaber des Lebens zwischen Himmel und Erde, diese Sammler von Begegnungen und Namen, die die Flinten gegen Feldstecher, die Vogelbälge gegen Erinnerungen an atemberaubende Anblicke eintauschten, haben es als erste den Krabben- und Buttfischern auf ihren Hundeschlitten nachgemacht und sich bei Ebbe ins Watt gewagt, um ein Paradies zu entdecken, wo sich bisher nur Ödnis gezeigt hatte.

Gewiß kein zum Wohnen ladendes Paradies fanden sie, aber dafür eines, das zu uns herüberragt wie vom Anfang der Schöpfung, als sich das Wasser unter den Himmeln an besonderen Orten sammelte, daß man Trockenes sehe, welches Erde genannt wurde. Täglich zweimal wiederholt sich hier gleichsam der dritte Welttag, gibt das Meer die Erde für einige Stunden frei, zweimal holt es sie zurück.

Die Nordsee hat je nach Küste, Wind und Mondstand einen Tidenhub, einen Unterschied zwischen Hoch- und Niedrigwasser also, von zwei bis drei Metern. Im alten Rhythmus der Weltmeere trägt sie Sand, Ton und Schlamm heran, häuft ihn auf zu Marschland, Halligen, Sandbänken, einem Werk der Gezeiten, an dem die Wellen sogleich wieder nagen; Weggenommenes wird anderswo angespült oder angeweht. Seit der

Zeitwende steigt die Nordsee wieder stärker an, nachdem zuvor Anstieg des Meeresspiegels und Ablagerungen sich eine Weile etwa die Waage gehalten hatten. Die nordfriesischen Geestinseln Sylt, Amrum und Föhr (Geest ist die in den Eiszeiten abgelagerte höhere Geröllschicht) gehörten vermutlich bis ins Mittelalter zum Festland, einer Wald-Moor-Landschaft über Moränenschutt. Noch vor 300 Jahren konnte man von Sylt bei Ebbe zum Festland reiten. Heute verliert Sylt stellenweise im Jahr bis zu 18 Metern Land.

Das Nordseebecken, seit dem Erdaltertum ein Flachmeer, wurde trocken während der Eiszeiten, weil viel Wasser in Gletschern gefangen blieb. Eine von Mammut, Riesenhirsch, Rind und Wollhaarnashorn bewohnte Tundra breitete sich aus, vom Rhein durchflossen, der als Nebenflüsse Themse und Humber aufnahm, ehe er nördlich der Doggerbank ins Meer mündete. England gehörte zum Kontinent. Am Ende der letzten Eiszeit vor etwa 10 000 Jahren stieg mit den Schmelzwässern das Meer rasch um insgesamt 100 m an, der Ärmelkanal brach vor 5000 Jahren durch, die großen Tundrentiere starben aus. Noch finden Fischer zuweilen deren mächtige Knochen in ihren Netzen.

Um die Zeitwende bewohnten, wie Plinius d. Ä. in seiner „Naturalis Historia“ nach Berichten der unter Drusus 19—9 v. Chr. hier erobernden Römer schreibt, Chauken und Friesen die weiten Marschflächen, indem sie ihre Häuser auf künstlich aufgeworfenen Wohnhügeln (heutigen Warfen oder Wurten) bauten. „Schiffenden gleichen sie, wenn die Wogen die Umgebung bedecken, Schiffbrüchigen aber, wenn die Wogen sich verlaufen haben.“ Nur vom Fischfang hätten sie gelebt, mit windgetrocknetem Schlamm (also Torf) gekocht und ihre „im Nordwind erstarrten Leiber erwärmt“.

Zum Dank dafür, daß sie 800 Jahre später die Nordmänner abwehrten, schenkte Karl d. Gr. den Küstenbewohnern die „Friesenfreiheiten", u. a. Reichsunmittelbarkeit und Befreiung vom Waffendienst. In der Egilssaga sind Züge wikingernder Nordmänner auch an der friesischen Küste geschildert. Im Kapitel „Egils und Arinbjörns Wikingerzüge" heißt es da: „In einer Nacht, da das Wetter ruhig war, segelten sie einen Fluß aufwärts, da man schwer landen konnte und starke Ebbe war. Das Land hatte weite ebene Flächen, und in der Nähe war Wald. Da stießen sie bald auf ein Dorf . . . Gräben waren im Lande gezogen und standen voll Wasser." Die Friesen aus diesem Dorf flüchten zunächst in den Wald, sammeln sich dann aber wieder und kämpfen. Danach „kamen die Friesen an einen Kanal und liefen hinüber. Dann aber nahmen sie die Brücke weg".

So weit die Meerfriesen zur Zeit der Wikingerzüge. Seit sie im 10. Jahrhundert erste Dämme bauten, betrachteten die Marschbauern vollends das den Elementen abgerungene Land als ihr Eigentum und wehrten jede Lehenshoheit, Hörigkeit oder Leibeigenschaft ab. Bis ins 16. Jahrhundert lebte der altfriesische Gruß „Eala frya Fresena" fort, „Heil, freier Friese", in einer heute vom Platt verdrängten Sprache. Sowohl die Meerfriesen wie die in Dithmarschen und nördlicher siedelnden Meersachsen verteidigten diese Freiheiten erfolgreich, durchstachen notfalls sogar ihre Deiche. Was sie verband, war der gemeinsame Kampf gegen die See, der Bau von Deichen und Schöpfwerken. Bis heute gehen die Bauern gemeinsam mit gewählten ehrenamtlichen Deichgrafen, Gevollmächtigten und Sielrichtern alljährlich die Bauten ab, bis diese feierlich für „schaufrei" erklärt werden. Der immer wieder bei Sturmfluten tragisch endende Kampf mit der Natur steckt tief in den Gemütern. Man kennt bis weit zurück ins Mittelalter einzelne Fluten, etwa die „Allerheiligenflut" vom 3. November 1170, die die Zuidersee eingerissen hat, die „Marcellusflut" von 1362, die als eigentliche „Manntränke" die stärkste Sturmflut der deutschen Nordseeküste überhaupt war, oder die „Weihnachtsflut" von 1717.

Das Vorland ist viel länger unbewältigte Natur geblieben als anderswo die als Unland empfundenen Moore und Sümpfe. Das Wattenmeer bot zwar mit seinen Schlickbewohnern, den Garnelen, Flundern oder Schollen, einigen Fischern gutes Auskommen, ließ sich für Muschelbänke und Seehundjagd nutzen. Aber seinen eigentlichen Zweck schien es doch erst in der Verlandungszone nach dem „Grüppen", dem Entwässern durch Gräben, als Viehweide vor dem Deich, als Wiese und Ackerland hinter dem Deich zu finden. Daß die solcherart bewältigte Natur nicht nur kultiviert, also verbessert, sondern folgenreich überwältigt, also bedroht, sein könnte, fordert ein Umdenken, das in diesem Land besonders schwerfallen muß.

Als erste priesen die Ornithologen das Watt um seiner selbst willen. Staunend entdeckten sie seine Vögel, zählten, beringten sie von Rossitten und Helgoland aus. Hier beobachteten sie zahllose Brandgänse bei der Großgefiedermauser, während der diese flugunfähig sind, daher guter Nahrung und des Schutzes vor Raubtieren bedürftig. Ringfunde erwiesen diesen Küstenstrich als Schnittpunkt vieler Vogelfluglinien: Hier rasten Kampfläufer unterwegs von den afrikanischen Binnenseen nach Nordostsibirien, lappländische Steinwälzer von Afrika her, sibirische Singschwäne und grönländische Steinschmätzer oder Küstenseeschwalben auf dem Flug von der Antarktis zur Arktis, immer dem Sommer hinterher. Die Tundra ist im Frühling

und Herbst zu Gast, die Einsamkeit weiten unberührten Landes.
Nicht unter der Herrschaft der Zeit leben diese Vögel wie wir einzigen Zeitgeschöpfe der Erde, sondern in der Weile ihres im Rhythmus der Jahreszeiten schwingenden Daseins, einer Gegenwart, in die sich irgendwann das Geheimnis ihrer Wanderwege eingesenkt hat:

„Vor vielen tausend Jahren auferbaut,
Ziehn hoch durch Luft die großen Vogelstraßen ...
Sie sind verboten aller Menschenlast ...
Kein Stäubchen lagert dort, kein Blatt vom Ast ...
Zu reisen, ist der Vögel Winterschlaf ...
O daß wir alle Vogelseelen wären!“

So heißt es in Oskar Loerkes Gedicht „Die Vogelstraßen“.
Da von manchen Arten, etwa den Ringel- oder Rottgänsen, fast die gesamte westsibirische Population hier verweilt, sehr ortstreu in ihrem Verhalten, würde ein Verschwinden von Watt und Salzwiesen wahrscheinlich ihr Aussterben bedeuten. Für viele wandernde Vogelarten ist das Nordseewatt als „ökologisches Nadelöhr“ unentbehrlich, ebenso für hier brütende Arten. Ähnliches gilt für Fische. Heringe, Sprotten, Seezungen oder Schollen verbringen hier Jugendzeiten, sind in ihrem Bestand bis zu 80 % vom Watt abhängig, das auf diese Weise die Basis fast der ganzen Nordseefischerei bildet.
Sein Geheimnis wurde erst spät gelüftet. Man sieht es der scheinbar monoton grauen, landwärts ins Grüne spielenden Fläche nicht an, wie vielfältig sie ist. Ausgehend vor allem von mikroskopisch kleinen braunen Kieselalgen, die mit Hilfe von Chlorophyll im Licht wie grüne Pflanzen organische Verbindungen aufbauen, hat sich hier hochspezialisiertes Leben entwickeln können,

von artenreichem tierischen Plankton bis zu großen Muscheln, kräftigen Strandkrabben (Dwarslöper), zahllosen meist großen Vögeln. Die Gezeiten schwemmen dauernd neue organische und anorganische Stoffe heran. Anders ist das tiefe Sandwatt zusammengesetzt aus grobkörnigem Material mit einigen Wurmarten und Meeresmolusken; anders das höhere Mischwatt aus Feinsand und Schlick, übersät mit den Kothäufchen des 30 cm unter der Oberfläche lebenden Pierwurmes, wo die flach eingegrabenen Herzmuscheln leben oder die aus 25 cm Tiefe ihren Sipho streckenden mächtigen Sandklaffmuscheln; anders ist das seichte, schwarze, feine Schlickwatt mit den massenhaften Schlickkrebsen, Wattschnecken oder Pfeffermuscheln. Auf 1 m^2 Wattfläche können bis zu 20 000 junge Herzmuscheln leben, 50 Pierwürmer, 40 000 Schlickkrebse oder 60 000 Wattschnecken. Das sind Mengen an Lebendigem, wie sie kaum beste Landböden hervorbringen.

Seßhafte Wattiere überstehen die Ebbe im Schlick. Als Flutgäste wandern in den Prielen Fische herein, als Ebbegäste suchen Vögel die von Wind und Wellen gerippelte Fläche ab oder beweiden das Seegras und höher oben Andelrasen und Meerstrandwegerich, wie die Rottgänse. Den Übergang zum Land bilden Salzwiesen, in denen Pflanzen gedeihen, die Überflutungen vertragen und anderswo von salzempfindlichen Pflanzen verdrängt würden. Hier leben 2000 Tier- und 800 Pflanzenarten in kompliziert ineinandergestufter Zweckmäßigkeit, aber in einer Vielfalt, die weit über jeden Zweck hinausspielt. Viele Pflanzen und Tiere sind hier endemisch, d. h. nirgends sonst auf der Welt vorkommend. Die Nahrungskette des Watts endet mit Greifvögeln, Großmöwen, Seehunden und mit dem Menschen.

Durch die Sedimente der Nordsee und der Flüsse werden hier neuerdings aber unendliche Mengen Gift mit angeschwemmt. Denn unsere im Entwurf so rationale moderne Produktionsweise basiert ja absurderweise auch auf dem völlig irrationalen Prinzip, Abfälle einfach überall ins Wasser zu kippen. Dieses eigenartige Prinzip schien zunächst gut zu funktionieren, aber nur deshalb, weil auch der schlimmste Dreck einige Zeit braucht, ehe er Seen, Flüsse und Meere beeinträchtigt. Das Wattenmeer mit seiner starken Wasserbewegung besitzt zwar ein hohe Selbstreinigungskraft, kann große Mengen organischen Abfalls, auch Schwefels aufnehmen. Vor dem Öl der Schiffe, vor schwer abbaubaren Chlorkohlenwasserstoffen oder Schwermetallen hingegen muß diese Fähigkeit auf die Dauer versagen. Kranke Fische und Vögel, mit Blei, Quecksilber und Cadmium verseuchte Muscheln und ständiger Rückgang der Seehunde sind dringende Mahnung. Die Meere sind erschöpft. Die Industrie muß völlig neue Wege suchen. Es ist hohe Zeit, etwa die Pariser Konvention von 1974 gegen die Verschmutzung vom Meer aus endlich zu ratifizieren und die EG-Richtlinien gegen die Verschmutzung vom Land aus zu vervollständigen, und zwar gerade in bezug auf besonders schädliche Metalle oder organische Gifte. Das Verbrennen oder Verklappen von Abfall auf See ist heller Wahnsinn. Solange aber keine Einigung der Anliegerstaaten glückt, werden die besten nationalen Initiativen unterlaufen, wird wirtschaftlicher Wettbewerb verzerrt.

Weitere Gefahr droht dem Watt von neuen Deichprojekten. Die „Schutzstation Wattenmeer" kämpft zäh und oft mit Erfolg dagegen an. In früherer Zeit spielte neben dem Küstenschutz stets Landgewinn eine Rolle beim Deichbau. Nun ist das noch übrige Vorland längst so schmal geworden, daß neue Köge oder Polder nicht mehr zu rechtfertigen sind. Die Butter- und Getreideberge sind ohnedies hoch genug. Hinter dem

Deich können die stets verheißenen Ersatzbiotope gar nicht geschaffen werden, denn das Marschland süßt dort rasch aus, wird artenarm. Neue Salzwiesen vor dem Deich aber sind erst nach 70—100 Jahren hoch genug angeschwemmt, und dazu sind überdies Buchten nötig, die ja gerade durch die neuen verkürzten Deichlinien wie in der Nordstrander Bucht verschwinden. Auch die dort jetzt vorgesehene zweitgrößte Lösung schneidet noch gewaltige Watt- und Salzwiesenflächen weg, obgleich für den Menschenschutz ein 100—200 Meter vor der bisherigen Seedeichlinie laufender Deich sowie der ihn entlastende überflutbare Sicherungsdamm von Pellworm zum Festland gemäß einem ökologischen Kompromißvorschlag genügen würden. Nun wird zwar nicht der brutale ursprüngliche Plan verwirklicht, aber die Nordstrander Bucht geht dem Watt dennoch verloren. Es ist schwierig, dieses ständigen erdgeschichtlichen Metamorphosen besonders stark ausgelieferte Gebiet nun auf dem Stand der letzten Jahrhunderte zu fixieren, bei steigendem Nordseespiegel und stets höher werdenden Fluten, die von den begradigten künstlichen Küstenlinien auf unabsehbare und problematische Weise mit beeinflußt werden. „Landunter" wäre nachgerade der natürliche geologische Zustand hier: eine bittere, für den Menschen unzumutbare Einsicht.

Wer Augen und Ohren hat, den lockt das Watt, voller Überraschungen und keineswegs monoton. Er lauscht auf das eigenartige Rascheln bei Ebbe, Storms „Ich höre des gärenden Schlammes / Geheimnisvollen Ton" („Meeresstrand"). Es rührt von den unendlich vielen emsig bewegten Schlickkrebsen her. Wind und Wellen zaubern Rippelmarken in den Schlick. „Mit Elfenfüßen überläuft der Wind den Priel", sagt Wilhelm Lehmann im Gedicht „Insel Föhr". Die kurvenreichen verästel-

ten Priele gleichen, wo alle Proportionen sich verändern, großen Flüssen mit Gleithang (Flachufer der Kurveninnenseite) und Prallhang (Steilufer der Außenseite). Die Gezeiten überlagern den Rhythmus der Jahreszeiten und den von Tag und Nacht. Der Wind trägt Tang- und Muschelgeruch übers Land. Vor den rasch aufkommenden Seenebeln („Wilde Kat“ = Katze im Volksmund) muß der Wattwanderer sich hüten; findet er keinen Priel, an dem entlang er noch rechtzeitig vor der Flut die Inselkante erreicht, führt ihn der etwas kräftigere Schritt meist des linken Beines rettungslos im Kreise, und er ertrinkt dicht vor der Küste.
Die kleinen fleischigen Quellerpflanzen, aufrechtwachsende Zeugen auch hier blühender Lebenszuversicht, wagen sich immer von neuem weit ins Wasser vor, zusammen mit dem untergetaucht lebenden Seegras Pioniere des Verlandungsgürtels. Etwas höher beginnt eine reiche Flora, blühend mit demselben Zauber, aber unscheinbarer als Hochgebirgspflanzen, rührend winzige Blümchen von Salzbinse, Milchkraut, Strandmelde. Andere sind die Gewächse der täglich überfluteten, andere die der höheren Salzwiesen, vom Strand und den vielerlei Dünenregionen ganz zu schweigen, wo der Strandhafer, wenn der Sturm durch seine bläulichen kräftigen Halme pfeift, den mitgewehten Sand einfängt und im Netz seiner Wurzeln befestigt.

„Welle, du
trugst ihn her, schliffst ihn zu,
gabst dich, Un-
verlierbare, drein,
Ufersand, nimmst,
nimmst auf,
Strandhafer, weh
das Deine hinzu —“

so heißt es bei Paul Celan im Gedichtband „Atemwende“. Keiner der zeitgenössischen Naturdichter hat wie Celan die Metaphern als Namen neu erstehen lassen, die mit der Macht des Nennens die Dinge ins erkennende Licht treten lassen. Es ist kein Zufall, daß er gerade diese anfängliche Landschaft der noch andauernden Scheidung von Wasser und Land immer wieder beschworen hat.

Was dieses Vorland vollends Paradies sein läßt, sind die Vögel unter dem Himmel, als seien sie am fünften Welttag hier geschaffen. Groß, schwarzweiß oder braunbunt, mit guten Schnäbeln und langen Beinen zum Waten gebaut und mit Fittichen zu weitrauschenden Flügen, den Ruf der Weite rauhtönend oder sanft in den Kehlen:

„Einsames Vogelrufen —
So war es immer schon“

Storm liebte sein Land durch Öde und Farblosigkeit hindurch, auch die ihm fremden Vögel:

„Graues Geflügel huschet
Neben dem Wasser her.“ („Meeresstrand“)

Um die Zeit, als Nolde die jähen Farbfeuer seiner Seebilder entfachte, Dramen von Wasser, Luft und Wolken, entdeckten die Vogelliebhaber hier, gleichsam im Noldeschen Licht, ihren Garten Eden, fanden im Grauen, Monotonen die Vielfalt der Schöpfung wieder, wie sie gemeint war. Sie waren wieder Adam, gaben Namen und damit Gestalt im bisher nur grauen Geflügel; auf einmal war's bunt zum Entzücken und geformt zum Staunen. Keiner glich dem andern nach Stimme, Gang und Flug, jeder das Seine findend mit anderem Schnabel: Eiderenten suchen Tang, Seesterne und Muscheln zwischen Eisschollen im Winter;

scheckige kleine Steinwälzer, im Frühling durchkommend, drehen Steine um und sammeln darunter Kleingetier auf; Rotschenkel stochern mit längerem Schnabel im Schlick, und noch tiefer holen rötliche Uferschnepfen oder sonderbare Brachvögel mit übertriebenem Schnabel Reichliches heraus. Säbelschnäbler seihen mit seitlichem Schwenken der langen aufgeworfenen Schnäbel wie Gruppen von Schnittern die nahrhaften Gewässer, ehe sie, die über alles Schönen im weißschwarzen Kleid, mit klagenden Rufen ihre Nester in den Wiesen aufsuchen. Avosetten heißen sie noch mit ihrem lateinischen Namen im „Schimmelreiter" – diese Inselengel, Tänzer über Wiesen voller Strandnelken. Dort bauen zahllose Lerchen ihre Gesangtürme, aus denen sie jäh niederstürzen, das luftige Bauwerk immer von neuem mitreißend: Übrig bleibt ein graues trippelndes Vögelchen mit Elternsorgen und kleinem Häubchen. Bei Flut sind über den kurzen Wellen langflügelige Seeschwalben schön und mißtönend und tauchen nach Fischen, ehe sie unversehens wieder verschwinden, als seien sie droben zu Hause im blauen, weißen, silbrigen Licht. Das Jauken der großen Möwen verstummt auch dann nicht, wenn sich über heiße muschelbesäte Wiesen tiefe Brütruhe senkt, eine so versammelte Dichte, daß wie von Worten des Weltanfangs in der feuchten flimmernden Luft ein Echo mitschwingt. „Wortaufschüttung" beginnt ein Gedicht Celans in „Atemwende", wo es heißt:

„Bis du den Wortmond hinaus –
schleuderst, von dem her
das Wunder Ebbe geschieht."

Das Watt weist einleuchtender als andere Landschaften auf den Scheideweg, an dem wir jetzt stehen: Die Menschen haben der unerschöpflichen Wasserwildnis liebe

Heimat abgewonnen. Schön war sie eine Weile. Dann wurde sie zur Nutzfläche erschöpft und verdorben. Nun zeigen sich genau umgekehrt Öde hinter dem Deich, aber Paradiesesreste im Vorland. Mehr als drohende nur leibliche Not gebietet uns, diese Lehre zu entziffern: Erkenntnis ist uns aufgetragen, Liebe also im Anschaun jener gesteigerten Lebendigkeit von Wasser und Land im Grenzbereich. Dem Selbstverständlichen gegenüber war diese Erkenntnis offenbar überhaupt noch nicht möglich, denn es zeigte sich als feindliche Wildnis, grau und namenlos. Jetzt aber, da diese Wildnis ihre sterbliche Seite zuwendet, erkennen wir sie aus der eigenen Nähe zum Tod als eine schwesterliche, vielgestaltig und namenreich. Das ist neu.

Die heranbrausenden Vogelwolken sind für uns nun keine namenlosen Schatten mehr, sondern riesige Scharen gelbgefleckter, mit schwarzer Unterseite scharf abgezeichneter Goldregenpfeifer, kleiner Knutts mit rotbrauner Unterseite oder hochbeiniger rötlicher Pfuhlschnepfen mit langen aufgebogenen Schnäbeln, fähig sie alle, staunenswerte Flugmanöver auszuführen. Wir kennen heute ihre Lebensbedürfnisse, ihre Wanderwege, die ihnen zugehörige Landschaft und wissen, daß das Nordseewatt durch manche von ihnen bis Südafrika reicht und Teil der ostsibirischen Tundra, Grönlands oder Spitzbergens ist. All diese Schönen, diese Erkannten und Benannten sind weit übers Vernetzte, Verfügte, Verbrauchbare hinaus für sich da. Sie sind ganz und gar einzigartig. Und wir sind die ersten Menschen, die dies im Licht der Gefährdung eigens zu erkennen fähig geworden sind.

Die Wasseramsel

Könnte ich stürzen
heller hinab
ins fließende Dunkel

um mir ein Wort zu fischen,

wie die Wasseramsel
durch Erlenzweige,
die ihre Nahrung

vom steinigen Grund des Flusses holt.

Goldwäscher, Fischer,
stellt eure Geräte fort.
Der scheue Vogel

will seine Arbeit lautlos verrichten.

Peter Huchel

Wasser und Wassernot

Westlich von Ulm am Jurahang, in dem einst von der Ur-Donau durchströmten Tal des Flüßchens Blau, liegt der Blautopf, eine der größten Quellen Deutschlands: Ein 35 m breiter, 22 m tiefer Trichter ist gefüllt mit blauleuchtendem, zur Zeit der Schneeschmelze oder nach starkem Regen ins Grünliche bis Braune spielendem Wasser, das aus der Tiefe des Jurakarstes hier mächtig hervorströmt. Tausende kommen alljährlich staunend herbei: Funkelndes Wasser natürlicher Quellen ist zu einem seltenen Weltwunder geworden.
Nördlich von Oslo im Gebirge von Jötunheimen stürzt ein breiter Wasserfall 50 m vom Felsen herab. In der weithin sprühenden Gischt steht am Nachmittag ein senkrechter Regenbogen. Unterhalb, wo das Gebrodel des Gießbaches mit seinen Gegenströmen und Gumpen ein wenig zur Ruhe kommt, klingen durchs Lärmen des Wassers hindurch zuweilen der schnalzende Ruf und das vielgestaltige Lied des Trollvogels. Amselgroß, mit weißer Kehle im braunen Gefieder, steht er knicksend auf einem Stein, stürzt sich in den Bach, läuft auf dem Grund dahin, taucht mit Futter auf und fliegt niedrig zum Nest in der Wurzelhöhlung eines krummen Baumes. Derselbe Vogel heißt bei uns Wasseramsel. Sie wohnt überall, wo klare Gebirgsbäche ihr noch Wasserjagd auf Insekten, Krebschen, Schnecken erlauben und felsig waldige Ufer Unterkunft gewähren. Wer etwa unter einer Brücke im Voralpenland eine singende, jagende Wasseramsel entdeckt, verweilt lange, glücklich, dieses einst häufige Schauspiel sehen zu dürfen. Natürliche Wasserläufe sind zu einem seltenen Weltwunder geworden.
Rudert jemand versehentlich an die schilfige Bucht eines wenig besuchten Sees, wo Teichmuscheln im

Schlamm stecken, ein grüngrau gesprenkelter Hecht zwischen Seerosenstengeln lauert und Rohrsänger ihr langes rauhklingendes Lied vortragen, so sollte er rasch wenden und fortrudern, um nicht noch mehr zu stören. Weder von Abwässern vergiftete noch von schwimmenden, rudernden, surfenden Touristen beunruhigte natürliche Seen sind zu einem seltenen Weltwunder geworden.

Weltwunder? Erinnern wir uns, die klassischen waren ihrer nur sieben — Menschenwunder sie alle, große erstaunliche Bauwerke wie die Cheopspyramide oder Kunstwerke wie der Arthemistempel von Ephesus und der Zeus von Olympia, Phidias' berühmte Statue. Unter den heutigen Kolossen menschlichen Bauwillens spielen Kunstwerke eine mehr als bescheidene Rolle, selbst wenn wir die New Yorker Freiheitstatue nachsichtig dazuzählen wollen. Um so heftiger drängen sich dem Auge die technischen Kolosse auf. Man braucht kaum mehr auf Reisen zu gehen, um Bauten weit größeren Ausmaßes zu sehen als jene antiken Kolossalgebilde zusammen. Allein die wasserbaulichen Werke, Talsperren mit kilometerlangen Stauseen, Flußbegradigungen über Länder, ja Kontinente hinweg, Eindeichungen ganzer Provinzen, Kanalwerke, die große Regionen bis zur Unkenntlichkeit verändern.

Um Wunder handelt es sich dabei allerdings längst nicht mehr, eher um Träume früherer Generationen, die — nun in die Tat umgesetzt — uns das Alpträumen lehren. Nicht nur daß Staudämme oder Brücken manchmal brechen, macht uns Angst. Das sind Katastrophen, die „nur“ für die jeweils unmittelbar Betroffenen von schlimmer Bedeutung sind und für die sich mit einiger Mühe auch meist Schuldige finden lassen. Anders steht es um die regelmäßigen und — wie sich

im nachhinein herausstellt – ganz unvermeidbaren Folgen wasserwirtschaftlicher Mammutwerke.
Als der Karlsruher Ingenieur Tulla zu Anfang des 19. Jahrhunderts sich am Oberrhein zu schaffen machte, träumte er vor allem von einer leistungsfähigen Wasserstraße, nebenbei auch von fruchtbaren hochwasserfreien Uferregionen am gezähmten Fluß. „Über die zweckmäßigste Behandlung des Rheins längs der Grenzen des Großherzogtums Baden" heißt seine Schrift von 1822.
Die erste Hälfte seines Traumes wurde Wirklichkeit, die Floß- und Dampfschiffahrt zwischen Karlsruhe und Basel benutzte die 1874, Jahrzehnte nach Tullas Tod vollendete Wasserstraße, die nach Durchstechen sämtlicher Rheinschlingen zustande gekommen und im 20. Jahrhundert durch den französischen Rheinseitenkanal ergänzt worden war. Mit der zweiten Hälfte von Tullas technischem Traum aber hat es seine Not. Was er nicht voraussah, war die Eintiefung des von ihm so zweckmäßig behandelten Flusses, der im engen geraden Bett nun reißend dahinschoß und immer mehr Geschiebe, Kies und Sand aus seiner eigenen Sohle mit sich riß. Um 8 Meter grub sich das Flußbett schließlich ein. Nun sinkt der Grundwasserspiegel laufend weiter, die Täler fangen an auszutrocknen, ganze Landstriche versteppen schließlich. Nicht einmal das Versprechen der Befreiung von Überschwemmungen wurde eingelöst. Die verkürzten, begradigten Flußläufe vermögen die plötzlichen Fluten von Schneeschmelze oder starken Regenfällen weniger gut aufzufangen als die ehemaligen, zwischen Auwäldern und Feuchtwiesen gelegenen Mäander, die viele kleinere Uferbereiche schon im Oberlauf überfluten konnten. Jetzt staut sich das Wasser mit weit größerer Wucht vom Unterlauf her zurück bis in die Seitentäler; Über-

schwemmungen werden immer heftiger und überraschender. Wer im Sommer 1983 im Elsaß reiste, konnte zuerst im Mai und Juni die weithin unter Wasser stehenden, später dieselben in der flimmernden Julisonne vor sich hingilbenden Ackerfluren zwischen Colmar und Straßburg sehen. Überschwemmungen und Dürre liegen nun dicht beisammen. Auch das ein Weltwunder? Wohl kaum.

Und doch ist diese sichtbare, und sei sie — wie im Falle des unseligen Rhein-Main-Donau-Kanals — noch so abschreckende Landschaftszerstörung nicht der schlimmste Aspekt eines unheimlich heraufziehenden Wassernotstandes. Es muß auch immer wieder daran erinnert werden, daß schon von alters her, seit die Menschen anfingen, in den natürlicherweise leichter zugänglichen Flußtälern zu siedeln, eine zunächst bescheidene, im Verlauf des Kulturwachstums ständig zunehmende Verbauung der Flüsse fast unvermeidlich war.

Viel bedrohlicher als all dies sind die aus allen Richtungen ins Wasser strömenden Gifte aus Industrie, Haushalten und Landwirtschaft. Im gleichsam ersten Akt der Tragödie haben wir fast das gesamte Oberflächenwasser, Flüsse und Seen also, verdorben. Die Abwasserklärung aber ist weiterhin völlig ungeklärt. Nur der sichtbare und leicht greifbare Schmutz, also der eher harmlose menschliche Alltagsabfall, kann biologisch gut abgebaut werden. Bestimmte Stoffe jedoch, wie etwa künstliche Chlorverbindungen aus chemischen Reinigungen, Phosphate aus Waschmitteln, vor allem aber die berüchtigten Schwermetalle Quecksilber, Blei und das besonders gefährliche Cadmium passieren entweder ungehindert oder machen den an sich als Kompost gut verwendbaren Klärschlamm zu neuem Abfall. Das Abwasserproblem wird fast nirgends gelöst, sondern nur verschoben — vor allem auf später. Schmutz-

verdünnung ist im Grunde das Prinzip der meisten bisherigen „Lösungen", sei es bei der Industrie an Flüssen, sei es bei der besonders absurden sogenannten Giftmüllverklappung und bei der Müllverbrennung auf Schiffen in der Nordsee. Seltsam nur, daß in unserer sonst so sorgfältig genauen Weltverrechnung so lange jene Rechnung nicht aufgemacht worden ist, die anzeigt, daß in geschlossenen Kreisläufen, und seien sie noch so groß, ein ständiges Zugeben von Stoffen zur sicheren Anreicherung, zur Erhöhung der Konzentration führt. Jeder Chemieschüler lernt das.
Die 450 Kilogramm Quecksilber oder die 100 Tonnen giftiger Chlorverbindungen, die jährlich den Rhein hinunterfließen und zusammen mit vielerlei anderen unguten Substanzen zur Trinkwassergewinnung nur durch kompliziertes mehrfaches Filtern und anderes teures Reinigen zu entfernen sind, wandern im Fluß zum Meer, und da bleiben sie dann, verdünnt zwar, aber in wachsender Konzentration unerbittlich vorhanden. Die Belastung der aus der DDR kommenden Flüsse mit Salzen, Bromiden und Chloriden ist noch einmal um ein Vielfaches höher als die unserer und anderer westeuropäischer Flüsse.
Nun also suchen die großen Städte nach neuem Wasser und machen sich ans Tiefenwasser. Frankfurt hat, ehe es anfing, den Vogelsberg abzupumpen, im hessischen Ried die in tiefen Horizonten lagernden Grundwasservorräte angezapft. Undurchlässige Tonschichten sollten nach Expertenmeinung verhindern — so hieß es in den 60er Jahren —, daß in den oberen Horizonten das Grundwasser absinke. Natürlich hatten entgegen der Sicherheit der Experten die Tonschichten doch Lücken, das Riedgrundwasser sank in den Oberschichten um 8 Meter ab, die Fluren versteppten. Doch hindert das neue und andere Experten nicht, nun, da

Hamburg Tiefenwasser unter der Lüneburger Heide haben möchte, wieder die angeblich undurchlässigen Tonschichten zu bemühen. Mit diesen schon beinahe mythischen Tonschichten wird weltweit argumentiert, wenn mehr Wasser verbraucht wird als vorhanden ist. Selbst in tunesischen Oasen begründen Experten im Auftrag der touristischen Landeserschließung den Raubbau am Tiefenwasser mit jenen magischen Schichten. Dieses Wasser ist dort noch sozusagen fossil, also unersetzbar, weil es aus Epochen stammt, in denen mehr Regen fiel als heute. Schon vertrocknen die Dattelpalmen der Oasenbauern.

Experten kommen und gehen, der Durst der Städte aber wächst. Nachdem das Oberflächenwasser meist verdorben ist, wird vielerorts Grundwasser abgesaugt. Natürlich ist dieses nicht unerschöpflich, zumal dann nicht, wenn seine Erneuerung durch Niederschläge ausbleibt, weil Regen und Schmelzwässer aus der versiegelten Landschaft durch Kanäle und betonierte Wasserläufe auf schnellstem Wege ins Meer rauschen. Wo soll das Grundwasser auch herkommen, wenn die Landwirtschaft alle Moore entwässert, alle Bäche begradigt, alle Wege asphaltiert und die Fluren in riesigen Monokulturen ohne Baum- und Heckenschutz der Erosion und Austrocknung preisgibt? Und schon wird das Grundwasser selbst vergiftet, durch Nitrate aus übermäßiger Düngung, durch Gifte aus der Landwirtschaft, aus Müllgruben, durch Unfälle und vieles andere mehr. Ja, am Ende ist nun auch der Regen nicht mehr sauber, weil weltweit sogar die Luft als Abfallverdünner mißbraucht wird.

Was sollen wir tun? In Dürregebieten mit weiten Wegen zum nächsten Brunnen verbrauchen die Menschen nur 10 Liter Wasser am Tag. Liegt der Brunnen in der Nähe, steigt der Verbrauch auf 20 Liter, liegt er im

eigenen Hof, werden 50 Liter verbraucht, fließt das Wasser aus dem Hahn, sind es sogleich 100 Liter täglich. In den USA liegt der Verbrauch eines Haushaltes derzeit bei über 600 Liter pro Tag.
Was also sollen wir tun? Sparen? Solange Wasser so billig zu haben ist, der Kubikmeter zu weniger als 1 Mark, werden nur wenige sich dazu bereit finden; denn Sparen bedeutet Mühe und Unbequemlichkeit. Man spart nur an Dingen, deren Kostbarkeit unmittelbar einleuchtet. Sparen und Wiederverwenden von Brauchwasser wird aber unvermeidlich werden. Das Wiederverwenden ist allerdings in einem auf unerschöpfliche Quellen abgestimmten Leitungssystem nicht so einfach. Wie sollen wir nun plötzlich Badewasser in die Toiletten schöpfen? Wo die Regenwasserzisternen hernehmen, die neuerdings empfohlen werden? Immerhin, das wären Zukunftswege. Wir haben sie schließlich noch vor wenigen Jahrzehnten gekannt: Jeder Garten hatte seinen Wasserbehälter, eine Tonne unter der Dachrinne, wir sparten Wäsche, spülten das Geschirr mit der Hand; nur die ganz Jungen kennen das nicht mehr. Wir werden uns erinnern müssen.
Vielleicht haben die sieben Wasser-Weltwunder unserer Landschaft: Quelle, Wasserfall, Moor, See, Fluß, Meer und Regen über trockenen Fluren, doch eine Chance. Noch ist nicht alles zerstört. Noch können wir an manchen Orten das Wunder einer aus dem Hang sickernden Quelle bestaunen, die ein Quellmoor entstehen läßt, einen feuchten Wiesenbereich mit Orchideen, Enzian und Wollgras, wo ein kleiner Bach seinen gewundenen Lauf beginnt. Die Quelle braucht den Schutz bewaldeter Bergrücken. In wiederaufgeforsteten sizilianischen Bergen sollen die alten Quellen wiedergekommen sein. Der Bach und spätere Fluß braucht den wenigstens teilweisen Schutz weidenge-

säumter Uferschlingen zwischen Feuchtwiesen, und jegliches Wasser braucht den Schutz vor Giften, die sein lebendiges Gefüge aus der Balance bringen.
Daß Brunnenvergiften einst als eines der gemeinsten Verbrechen galt, ist nicht nur längst vergessen, sondern Brunnenvergiften wurde im weitesten Sinn zum Funktionsprinzip unseres von der Technik geprägten Lebens. Doch verdorbenes Wasser ist unbekömmlich. Daran hat sich bis heute nichts geändert.
Die Stadt Augsburg strebt an, 400 Hektar Acker- und Gartenland im südlichen Wasserschutzgebiet zu enteignen, weil dort im Grundwasser die Nitratkonzentration durch Düngung dauernd steigt. Das Land soll aufgeforstet werden und für alle Zeit Wald bleiben. Hier wird aus Einsicht und bitterer Not wiederhergestellt, was in alten Kulturen aus Ehrfurcht häufig Brauch war: Bereiche mit Quellen waren unversehrbar, weil sie den Göttern vorbehalten blieben als heilige Haine; kein Baum durfte gefällt werden.
Die Götter sind vertrieben, die Ehrfurcht ist vergessen. Die natürlichen Weltwunder nehmen Abschied, eines nach dem anderen verläßt uns. Aber vielleicht macht die Not einsichtig? Es bleibt uns nur diese Hoffnung auf uns selber. Das wollten wir ja auch!

Dauerregen über Passau

Vom himmel stürzt der vierte fluß,
und die kuppeln des doms sind grün von tang

Der tag ist nahe, an dem in den straßen
der fisch springen wird

Und der kahn, jahraus jahrein angekettet
    unterm brückenbogen,

erbebt vor hoffnung,

mit der stirn
den scheitel der brücke berühren zu dürfen

Reiner Kunze

Die Geduld der Gewässer ist erschöpft

Verirrt sich ein Binnenländer in den Jahreszeiten und Küsten, sitzt er statt an sonnigem Sandstrand auf stürmischem Felsen und überläßt das Auge dem Strudeln und Saugen der Brandung am Stein, dann mag ihn der Rhythmus der Wellen fortnehmen aus seiner uhrenbemessenen Zeit in die Überraschung der Schaumkronen, zu den zwischen Gischt auftauchenden und verschwindenden Seeigeln, zu den Schreien kreisender Seevögel. Der Atem des Meeres bedroht ihn und beschwichtigt zugleich. Lebendiges Wasser hat ihn erfaßt.

Im Bild lebendigen Wassers schwingen alttestamentliche, von den Evangelien gleichnishaft aufgegriffene Vorstellungen mit. Fließendes Wasser war da gemeint, also reines, zum Trinken geeignetes Wasser. Als gut galt ein Brunnen, der zu Grundwasserquellen und -strömen hinabreichte, sich erneuerte und stets frisches Wasser spendete. Das stehende Wasser der Zisternen war von minderer Güte.

Genau gegensätzlich lebendiges Wasser zieht jene Eigenbrötler an, die als „Tümpler“ höchstes Erdenglück darin finden, bäuchlings am Ufer liegend, im Schatten des eigenen Kopfes, der das Spiegeln der Wasseroberfläche auslöscht, klare, grünbraune, schweigende Tiefe zu betrachten. Gemächliche schwarze Krötenquappen tauchen vor dem sich eingewöhnenden Auge auf, zuckende Wasserflöhe, raschkreisende Schwimmkäfer, am Grunde kriechende Köcherfliegenlarven und plötzlich, wie aus dem Nichts erscheinend, ein drachenförmiger großer Kammolch.

Viele dieser Wasserwesen brauchen Atemluft, einige können in beiden Elementen leben, andere sind auf der Grenze angesiedelt, nützen die feine Spannungshaut der Wasseroberfläche, wie Wasserläufer und Jagdspinnen. Die Taumelkäfer haben in ihrer Doppelexistenz zweierlei Augenpaare entwickelt, eines für die Luft und eines für das stärker lichtbrechende Wasser. Sie fliegen, kriechen oder schwimmen gleichermaßen gewandt.

In nährstoffhaltigen, nicht zu rasch fließenden Wässern gedeihen besonders ausgewogene Lebensgemeinschaften, gewinnt nicht so leicht eine Art auf Kosten ihrer Umgebung die Oberhand. Stehende Gewässer hingegen werden — außer sie sind extrem nährstoffarm wie Hochmoortümpel oder kalte, tiefe Bergseen — am Ende vom Land erobert. Im stets gegenwärtigen Nachvollzug der Evolution nimmt kräftigeres Landleben immer von neuem die Stelle zarteren Wasserlebens ein. Das beginnt mit schwebenden oder wurzelnden Wasserpflanzen, geht weiter mit Schwimmpflanzen, die eine dichte Decke bilden können. Sinkende pflanzliche und tierische Reste höhen den Grund auf, Schilf und andere Sumpfpflanzen dringen vom Ufer aus vor. Aus Schwingrasen und -mooren wird allmählich festerer Boden. Ein Sprießen, Blühen, Rascheln, Summen und Singen breitet sich aus, eine Artenvielfalt ohnegleichen. Nieder- oder Hochmoore verdrängen also die Seen, binden sie aber auch als reichliches Grundwasser und entlassen Bäche. Fast alle heutigen Seen und Moore sind Verlandungsstadien weit größerer nacheiszeitlicher Wasserflächen. Dieser ephemere, vergängliche Charakter der Seen ist natürlich, sie sind wie jede Landschaft im Wandel begriffen; die absolut unveränderliche Urlandschaft als ewigen Wald, als Wasser oder Gebirge gibt es nicht.

Gefährlich allerdings ist die vom Menschen verursachte, wild beschleunigte Veränderung, in der dem Leben der Atem ausgeht. Überdüngten Gewässern

widerfährt dies buchstäblich, sie ersticken: Das Wuchern der Algen und die entgleisende Vermehrung des Planktons lassen Faulschlamm am Grund entstehen; der ganze Sauerstoff ist schließlich verbraucht. Im Bodensee etwa können sich die so wohlschmeckenden Felchen seit einigen Jahren nicht mehr natürlich vermehren, da ihr Laich, der zur Entwicklung in größere Tiefen hinabsinkt, dort in sauerstoffloses totes Wasser gerät. Heute werden Jungfische aus Zuchtteichen ausgesetzt, die im übermäßig nährstoffreichen Oberflächenwasser dann sogar besonders gut wachsen.
Der Bodensee ist aber Trinkwasserspender für den Raum Stuttgart. Vielleicht ist das seine einzige Hoffnung. Bisher haben allerdings alle Mühen der Abwasserklärung im Uferbereich seinen Verfall nur verlangsamen können. Tonnenweise gelangt noch immer Öl aus Sportbooten und Hilfsmotoren von Segelschiffen ins Wasser, tonnenweise die stark düngenden Phosphate und Nitrate der Waschmittel und des Kunstdüngers aus Landwirtschaft und Obstbau. Freilich ist es schwierig, jetzt in kurzer Zeit eine sehr alte Fehlentwicklung aufzuhalten, gar gutzumachen, die sich seit einigen Jahrzehnten vor aller Augen abenteuerlich beschleunigt hat. Aber andere Waschmittel, das sparsamere Düngen oder ein Verzicht auf private Schiffsmotoren sind so dringlich geworden, wenn schon nicht um des Sees, so doch wenigstens um des Trinkwasserreservoirs willen, daß weiteres Zögern nicht zu verantworten ist.
Anders als stehendes Wasser ist das fließende oder durch starke Wellen bewegte Wasser stets mächtiger als Land. Es schwemmt Erde weg, löst Gestein, nagt sich durch Felsen, schleift Schotter zu runden Kieseln oder zerreibt ihn zu Sand, reißt ihn als Geschiebe in Flüssen fort bis zum Meer, wo alles absinkt und zu

neuem Gestein emporwächst — Nagelfluh, Sandstein, Ton. Knietief in einem Fluß stehend, kann man dessen Kraft im Aneinanderreiben und dumpfen Poltern der Steine hören. Diese Kraft ist an der Gestalt urtümlicher Flußlandschaften abzulesen. Ein Flußbett wie das der Isar, ständig in Bewegung, war einst tausend und mehr Meter breit, wenn Steilhänge es nicht eingrenzten. Große, sehr langsam von Norden nach Süden (oder umgekehrt) strömende Flüsse wie die Wolga zeigen auf eine sonst nirgends so deutlich erkennbare Weise in der Gestalt ihres Bettes die Erdrotation. Entsprechend der West-Ost-Drehung der Erde drücken die hier eher ruhigen Wassermassen gegen das Westufer und graben es ab. Es ist daher — im Gegensatz zum flachen östlichen Wiesenufer — steil mit oft dreißig Meter hohen Sandwänden, in denen Blauracken, Bienenfresser, Eisvögel und andere Höhlenbrüter ihre Nisthöhlen haben.

Seit Menschen an Flüssen siedeln, haben sie sich bemüht, das Wasser für Ackerbau und Verkehr, später für Mühlräder zu nutzen, zugleich aber seine kulturgefährdende Wildheit zu zähmen. Dämme, Wehre, Kanäle, Begradigungen begleiten das Wachsen der Dörfer und Städte vom Unterlauf her immer weiter gegen die Quellen zu. Wer das bedauert, muß die ganze Entwicklung der menschlichen Kultur beklagen. Denn sie ist ohne das Zähmen und Nutzen der Flüsse gar nicht zu denken: Euphrat und Tigris, Nil oder Ganges sind Synonyme für Kulturen, die den Aufbruch der Menschen aus dem Stadium von Naturvölkern bedeuten.

Wie schwierig das Leben an Flüssen stets war, zeigt etwa der Jahrhunderte währende Streit der bischöflichen Freisinger und der kurfürstlichen Bayern um die Isar unterhalb des Dorfes Bogenhausen. Die zum Hochstift Freising gehörenden Ismaninger leiteten den

ungebärdigen Fluß ins flache, linksseitige, bayerische Weideland, die Bayern warfen ihn durch entsprechende Bauten immer wieder zurück; 1718 wurde eine Übereinkunft versucht, aber Prozesse bis zum Reichskammergericht folgten. Erst nach der Säkularisierung, als Freising zu Bayern kam, wurden einheitliche Pläne möglich, aber auch der gezielte, zunehmend fragwürdige Kampf gegen die Natur. Regulierungen immer weiter den Oberlauf empor lassen Überschwemmungen am Unterlauf häufiger und heftiger sein; die Passauer Hochwassermarken verraten die fortschreitende Verbauung der Donauzuflüsse; weitere Damm- und Wehrbauten werden nötig, bis die Flüsse im tiefen Kanalbett ohne Verzug zum Meer hasten.
Nun macht die Hochwassergefahr dem Wassermangel Platz. Das Grundwasser strömt von beiden Seiten in die sich immer weiter eintiefenden Flüsse: Der Rhein hat sich seit der Oberlaufregulierung um 1850 bereits acht Meter tief in sein Bett genagt. Da die künstlichen Stauseen das Geschiebe ihrer Zuflüsse vom Gebirge her auffangen und zurückhalten, geht dies dem Fluß unterhalb des Stausees verloren. Er gräbt sich infolgedessen dort noch rascher in die Tiefe, denn das abtransportierte Material wird nun nicht mehr durch Geschiebe aus dem Oberlauf ersetzt. Am Stausee andererseits muß ständig nachgebaggert werden, zumal wenn er — wie der 1913 gebaute Saalachsee bei Reichenhall — von geschiebereichen Gebirgsbächen gespeist wird. In der so reizvollen, scheinbar urtümlichen Pupplinger Au bei Wolfratshausen mit ihren vielen Wasserrinnen und frischen Uferabbrüchen tieft sich unter anderem wegen der Lage unterhalb des Sylvenstein-Speichersees und des damit verbundenen Geschiebemangels das Isarbett jetzt gerade ein und wird zu einem rasch fließenden Kanal; die wandernden Kiesbänke mit ihrer

besonderen Vegetation, mit den Seeschwalben, Regenpfeifern und Flußuferläufern wachsen zu, der von regelmäßigen Hochwässern abhängige Auwald trocknet aus. In der Folge versteppen Täler, Brunnen fallen trocken. Allenthalben fehlt das ehemals in Mäandern, Mooren, Auwäldern zurückgehaltene Wasser. Und dennoch, trotz aller Nachteile ist Wasserkraft weniger umweltfeindlich als andere Energiequellen.

Das Geschiebe bewirkte, daß Flüsse ihren Lauf innerhalb des breiten Bettes ständig änderten, nach Hochwässern sich zuweilen selbst den Weg verlegten und plötzlich durch ganz neue Täler strömten. So ist der obere Ur-Main einst in die Donau geflossen, die Donau durchs Wellheimer Trockental in die Altmühl oberhalb von Eichstätt, woran auch tektonische Bewegungen Anteil gehabt haben mögen.

Neben vereinzelten Vulkanbildungen sind diese tektonischen Kräfte des Hebens, Senkens, Verschiebens und Faltens der eine große Gestalter der Erdoberfläche. Der andere ist das Wasser. Dessen für Goethe so bedeutsames „neptunisches“ Wirken ist fast in jedem Gestein, sei es im Hochgebirge, sei es an der Küste, zu erkennen, selbst an magmatischem Urgestein als Schliff oder Bruch. Das tertiäre Mittelmeer, die Tethys (so genannt nach der griechischen Meergöttin, der Tochter von Uranos und Gaia, der Gemahlin und Schwester des Okeanos), das vor 30 bis 50 Millionen Jahren noch von Mitteleuropa bis zum Aralsee reichte, hat 1000 Meter mächtige Schichten abgelagert, die als Salzwassermolasse zum Beispiel in die Alpenfaltung einbezogen und bis in große Höhen gestemmt worden sind. Losgetrennte Meeresteile in den sogenannten Vortiefen der Nordalpen, also im Alpenvorland bis zur Donau hin, wurden zu Süßwasserbecken mit weiteren Ablagerungen, nun der Süßwassermolasse.

Wenn die Flüsse in ihrem Geschiebe ehemalige Meeressedimente aus den Bergen als Geröll mit sich führen und am Ende im Ozean ablagern, schließt sich ein Kreislauf von Wasser und Stein. Dieser Kreislauf mag auch über gelösten Kalk gehen, der an Quellen oder in Höhlen als Tuffstein wieder fest wird, in wärmeren Meeren als Kalkschlamm ausgefällt werden kann. Oder er führt über lebendige Phasen: Kalk und Kieselsäure verfestigen sich in Algen, Schwämmen, Korallen, Muscheln, so daß die Kristallform in bizarren, oft bestürzend schönen Gestalten überspielt wird. Die zu den einzelligen Foraminiferen zählenden Nummuliten, mit ihren spiralig gewundenen Kammergehäusen Gebilde energischen Formwillens, haben den Kalkstein der ägyptischen Pyramiden aufgebaut. Die Jurafelsen im Altmühltal bestehen zum Teil aus vorgelagerten Schwamm- und Korallenriffen.

Einmal arbeitet das Wasser mit der niederreißenden Gewalt von Lawinen, Sturzbächen, Flüssen oder Sturmfluten, das andere Mal mit der langsamen Kraft kreisender Gletschermühlen oder schiebender Eiszungen, dann wieder mit dem zarten Klingelton fallender Tropfen in Höhlen, dem lautlosen Sinken der Sedimente im Meer oder der namenlosen Geduld vielfältiger, in träumerischer Formsicherheit ihre Gehäuse bauender Muscheln und Schnecken im Schlick der Uferzonen. Es ist die stets anfängliche Geduld der Erde am Werk, die eben jetzt, verborgen vor unseren flüchtigen Augen, mit einem Millimeter im Jahr die Alpen noch weiter hebt.

Das Wasser war eher da als die heutigen Berge und Täler, bedeckte Länder, die jetzt hoch über dem Meeresspiegel liegen; es ließ dem Leben viel Zeit, sich in seinem Schutz zu entfalten und allmählich aufs trockene Land zu gehen. Auch hierin aber dauert der Anfang noch an: Weiterhin bewohnen Urtiere und -pflanzen das Meer, die sich von den sogenannten höheren, scheinbar erfolgreicheren Wasser-, Land- und Luftbewohnern keineswegs haben verdrängen lassen. Was diesen Erfolg als Überlebensenergie betrifft, hätte es durchaus beim Wasserleben mit seinen unzählbaren Bakterien, Protozoen, Schwämmen oder Algen sein Bewenden haben mögen. Und in den Fischen hatte die Natur auch bereits einen hohen Grad der Vollkommenheit in Gestalt, Bewegung oder Sinnesleistung erreicht.

Die Bibel berichtet vom Geist Gottes, der über den Wassern schwebt; sein Wirken ist eines, das aus diesem ungeschiedenen Urelement die Vielfalt des Unterschiedenen hervorruft, Land und Meer, Licht und Finsternis voneinander trennt und die Gestalten des Lebendigen vor dem anschauenden Auge des Schöpfers, später dem namengebenden Sinn des Menschen in zahllosen Arten ausformt.

Klopstock dichtete, durchdrungen vom Lobpreis des weltenschaffenden Gottes:

„Groß ist der Herr! und jede seiner Taten,
Die wir kennen, ist groß!
Ozean der Welten, Sterne sind Tropfen des Ozeans!
Wir kennen dich nicht!“ („Die Welten“)

Diese erzeugende Anfänglichkeit des Wassers war auch Goethe stets gegenwärtig, dessen frühe Hymne an Quelle und Strom, „Mahomets-Gesang“, endet:

„Und so trägt er seine Brüder,
Seine Schätze, seine Kinder
Dem erwartenden Erzeuger
Freudebrausend an das Herz.“

Der späte Goethe des Faust II läßt nach einem Streitgespräch mit Anaxagoras, der das „Plutonisch grimmige Feuer“ als Schöpfungselement preist, Thales sagen:

„Alles ist aus dem Wasser entsprungen!
Alles wird durch das Wasser erhalten!“

Wenn Thales aus Milet im frühen 6. Jahrhundert v. Chr. am Beginn abendländischer Philosophie als Urgrund der Dinge das Wasser annimmt, so meint er nicht die uns so geläufige Substanz H_2O, sondern er meint jenes Element, dessen Wesen Wandel, Beweglichkeit und Kraft ist, das Leben und Wachstum spendet. Der Erscheinungsreichtum des Wassers war damals eine bekannte Vorstellung: Weitbefahren nennt Homer in der Odyssee das Meer, rastlos, grau, dunstig, weinrot, vielrauschend oder veilchenblau. Hesiod stellte einen Katalog der 3000 Okeaniden, Töchter der Tethys und des Okeanos, auf, in denen die Vielfalt des Meeres in Erscheinung tritt. Das Nixenwesen Undinens, ein Wechselspiel in Charakter und Äußerem, drückt sich in den Wassergeistern aller Völker aus. Im Altirischen erzählt die Sage „Albhine“ von sieben verschiedenen Meerfrauen, die Ruad liebt: Eine ist der Schaum des Meeres, von Wind und Welle gezeugt; eine andere ist die Welle, Tochter des schweifenden Sturmes und der beharrenden Tiefe; eine dritte der Nebel über den Wassern, von Herbst und Sonne abstammend.
Für Anaximander, Schüler des Thales, war zwar nicht mehr das Wasser Urgrund der Dinge, aber auch in seiner Vorstellung war die Erde zunächst mit Wasser bedeckt, ehe durch Austrocknung allmählich Land auftauchte. So beschreiben es auch die Sintflutberichte in der Bibel und im Gilgamesch-Epos. Alles Leben kam für Anaximander aus dem Wasser.

Unser wissenschaftliches Weltbild belegt dies mittlerweile naturgeschichtlich. Staunenswert bleibt jedoch, was die das Land erobernden Lebewesen sich im Sinne der Evolutionstheorie sozusagen ausdenken mußten, um durch Atmung, Sinneswahrnehmung, Ausscheidung, Bewegung, Vermehrung und vieles andere dem neuen Element mit seiner lebensfeindlichen Trockenheit und Härte gewachsen zu sein. Das sinnreiche Zusammenspiel all dieser Neuerungen, die einander häufig vorweg bedingen, entzieht sich weithin der Erklärbarkeit. Die Verbindung zum Wasser besteht oft weiter. Noch immer vertrauen viele Landtiere ihre Eier dem Wasser an, sogar Luftwesen wie die tanzenden Mücken oder die buntschwirrenden Libellen; diese verbringen vor ihren flüchtigen Erwachsenentagen lange Larvenzeiten im Schutz des Wassers.
Die Antike besaß großes technisches Wissen vom Wasser, holte es aus Quellen und sorgfältig gebauten tiefen Brunnen von weither in ihre Städte oder fing es als Regenwasser, mittels Sandbecken vorgereinigt, in Zisternen auf. Es gab ausgefeilte Systeme des Regulierens und Sparens; die Römer etwa nutzten zum Spülen der Toiletten gebrauchtes Badewasser, ehe sie es in Abwasserkanäle leiteten, ein Prinzip, das wir rechtzeitig einzuführen versäumt haben.
Von Abwasserklärung wußten die Alten allerdings wenig: So verschlammten die Tibermündung und die Bucht von Ostia allmählich. Noch seltsamer ist jedoch, daß trotz der Verehrung von Götterwohnungen auf Bergeshöhn oder in heiligen Hainen mit Quellen in keiner der alten Kulturen der natürliche Zusammenhang von Wäldern, Bergwäldern zumal, mit Wasserreichtum bekannt war. Gigantische Umweltzerstörungen begleiteten daher alle Hochkulturen: Der Gelbe Fluß in China transportiert noch heute fruchtbaren

Löß aus der zerrissenen nordwestlichen ehemaligen Kulturlandschaft ins Gelbe Meer. Wüsten, nackter Fels oder Karstgebirge lassen die wildreichen Wälder am Libanon, in Mesopotamien, Nordafrika, Griechenland oder Sizilien nur mehr schwer vorstellbar erscheinen. Es entsprangen dort einst Quellen, strömten Flüsse, wo nur mehr Zikaden das trockene Lied der Mittagshitze in steinigen Flußbetten sirren. Nachtigallen haben sich an Orte mit Resten von Wasser wie Delphi, Olympia oder Epidauros zurückgezogen.
Jene alten Landschaften um das Mittelmeer konnten sich nie mehr erholen. Die Menschen der gemäßigten Zone haben aber nichts daraus gelernt, gehen mit dem Wasser weiterhin um, als ob es trotz allen Mißbrauches unerschöpflich bleiben müßte. Überall ist die Abwasserfrage nur verschoben, nirgends gelöst. Zwar wird die biologische Klärung energisch verbessert, aber die chemische Klärung der Salze und vor allem der Schwermetalle, etwa Quecksilber und Cadmium, ist noch ganz unbefriedigend. Die Flüsse schwemmen nach wie vor alles ins Meer, Spezialschiffe voller Gift tun ein übriges, vom sauren Regen oder vom Öl, das durch Unfälle und vor allem durch Tiefenbohrungen wie in der Nordsee oder im Persischen Golf ins Meer gelangt, ganz zu schweigen.
Die Menschheit dieser Epoche hat ihren angeblich aufgeklärten Verstand zum Souverän eingesetzt, hat sich selbst für mündig erklärt, für frei von den Zwängen der Natur und hat sich zum Inhaber des Rechtes gemacht, nach Belieben über die ihn umgebende Natur, ihre Vorräte und Kräfte zu verfügen. Diese selbe Menschheit handelt nun aber durchaus wie Kinder, die ihre Abfälle in Nachbars Garten werfen, darauf vertrauend, daß dort dann schon irgendwer aufräumen werde. Jede Mutter kennt diesen Glauben ihrer Kinder

an die Heinzelmännchen von Köln und ärgert sich oft genug im Haushalt darüber.

Doch dieses Kinderrecht auf solches Verhalten haben wir endgültig verwirkt. Je weiter wir die Natur in Besitz nehmen, uns über die von ihr gesetzten Grenzen hinwegsetzen, desto weiter reicht unsere Verantwortung. Oder sollten wir uns übernommen haben?

Umzudenken ist namenlos schwer geworden. Zwar sprudeln noch immer reine Quellen, und wo man dem Wasser zu verweilen erlaubt, finden sich sogleich Libellen ein, Blaukehlchen oder schimmernde Eisvögel, denen zum Entzücken, die das Staunen für wichtiger halten als das Erobern und Verbrauchen.

Aber die Geduld der Gewässer ist nahezu erschöpft; und wir sind gezwungen, wo Verzicht und Einschränkung nicht sofort möglich sind, unsere ganze wissenschaftliche Intelligenz einzusetzen zur Entwicklung technischer Kreisläufe, die für die Natur zumutbar sind.

Ströme lebendigen Wassers sind im Johannes-Evangelium dem geweissagt, der glaubt. Er wird vom Brunnen des lebendigen Wasser umsonst trinken. So hieß es am Beginn unseres Zeitalters, das bis unlängst im Zeichen des Fisches stand. Sein Glauben beginnt im reinigenden, geistspendenden Wasser: Im Taufgelübde widersagen die im Wasser und im Geist Wiedergeborenen dem Bösen.

Es war einst ein Garten, von einem Strom gewässert, der sich in vier Hauptströme teilte. Einer hieß Euphrat. Und es wird einst ein Strom sein, klar wie ein Kristall, mit Lebensbäumen an beiden Ufern, deren Laub der Gesundheit aller dient. So prophezeit die Apokalypse.

Die Bibel beginnt und endet also mit Bildern vom Geschenk lebendigen Wassers. Es mag wichtig sein, gerade mitten im beginnenden Desaster dieser entgleisenden Zivilisation an die Hoffnung zu erinnern: Das Wasser ist eine Gabe des Geistes, der Leben schenkt, Erkenntnis und Liebe. Es stürzt über einen jeden herab und strömt ihm entgegen.

Moorland

Erst springe ich über die Gräben
Die seidenen Unterröcke leuchten
Im rostbraunen Wasser der Wind
Bläst mich von Sode zu Sode im Kreis
Roter niedergeschlagener Gräser
Blasen steigen auf aus den Tümpeln
Grünfunkelndes Moos es keuchen
Die zerbrochenen sinkenden Erlen
Speckige Pilze Koboldkanzeln
Bedecken schwankende Maste
Wie Patronen glänzt der Kot wilder Tiere
Der blitzgespaltene kopflose Stamm
Stellt sich mir in den Weg
Mit ausgebreiteten flehenden Armen
Die Ratte die ehdem mein Gutsherr war
Läuft voran auf befestigten Boden

Sarah Kirsch

Bedrohte Moorlandschaft

„In die Moosbeeren gehen" ist eine Septembersache, nicht allzu begeistert von Kindern unternommen, aber erinnerungshaltig wie nur etwas. Ein Wiesenhügel an einer ehemaligen Uhuhütte vorbei ist zu überqueren, ein Schilfgürtel, Dickicht scharfer Kanten, ist zu durchdringen; Nässe saugt den Tritt ein, Kreuzspinnen spannen ihre Netze und sind unheimlich, Schwalbenwurzenzian blüht. Dann gerät man unversehens in andersartige Feuchtigkeit, aufgewölbt und offen zwischen Birkenrändern. Mooshügel, rötlich, goldgrün, gelb, quellen weich um die Füße — Zwergengärten, wie sie der Mittagsschlaf zusammenträumt. Hat das Auge sich eingewöhnt, nimmt es fein hingestickte Fäden wahr mit Blättchen und harten Beeren, braungetupft, grün, rot, eine Freude zu pflücken. Allerdings geht es um Milchkannen; ein Liter Moosbeeren aber ist ein drohendes Maß, auch wenn man sich's in viele Töpfchen aufteilt. Moosbeeren, Rausch- und Preiselbeerblätter nach Farben sortiert in Mulden zu sammeln, läge weit näher als eintöniges Abernten aller Schönheit. Kinder lieben zu unterscheiden, dem Wirrwarr der Welt sein geheimes Gefüge, seine oft nicht zur Erwachsenenwelt stimmende Melodie abzulauschen. Also bringt man ins Sammeln Vielfalt. Bei den Birken im Trockeneren wachsen Birkenpilze. Zwar läßt sich die Begegnung mit ihnen nicht mit dem erregenden Fund von Rotkappen unter den Erlen am Seeufer vergleichen, von Steinpilzen ganz zu schweigen. Aber immerhin, mit ein paar jungen hellbraunen Birkenpilzen kann man sich auch sehenlassen, erlangt Lob und ein Butterbrot und ist sogar bereit, ein weiteres Maß zu den weißen Emailkannen voller Moosbeeren beizutragen; diese geben erst nach dem Kochen

mit Zucker ihr bittersüßes, jedes dunkle Fleisch steigerndes Wesen preis.
Den Traumgarten einer Nachkriegskindheit gibt es noch: Ein winziges Hochmoor zwischen Voralpenhügeln, hinter Schilfmauern, an einem alljährlich abgefischten Teich, aus dessen vor Jahrtausenden begonnener Verlandung es hervorgegangen ist.

„. . . Wortlos treten wir schwanken,
durchfeuchteten Boden. Verwurzelung
spürend, aber unmächtig
der eigenen alten Bestimmung:
die Jahre anzunehmen, zu gehn.
Bleiben ist bitter, Verharren
tödlich. So müssen wir schwinden,
jener, der wir entstammen,
der seufzenden Erd,
in den Schoß . . ."

Dieses nachgelassene Gedicht „Moor" von Johannes Bobrowski nennt die andere, die unheimliche Seite des Moores; unsere tragende, freigebende Erde verwandelt sich hier in eine verschlingende.
Das Moor ist, von einigen Herbstaugenblicken abgesehen, eine den Menschen abweisende Landschaft; naß, gefährlich, fast ohne Nahrung, bietet es nicht einmal dem Ausgestoßenen eine Bleibe. Allenfalls kann der ortskundige Flüchtende seine Verfolger durch eine Moorüberquerung abschütteln. Flurnamen spiegeln das Unheimliche. „In der Hölle" hieß beispielsweise das Erdinger Moos an der Stelle, wo heute der Münchner Sender steht. So hat das Moor kaum Eingang in die Dichtung gefunden. Sogar die trockene, fast immer auf Menschen- und Weideeinfluß zurückgehende Heide, zuweilen auch aus Mooren entstanden, galt die längste Zeit nur als wüst und öde. Der ausgestoßene König

Lear tritt dort in der Tiefe seines Elends auf: „Heide, Sturm, Donner, Blitz" lautet Shakespeares Szenenanweisung für den Anfang des dritten Aktes. Hebbels Ballade vom „Heideknaben" macht die Heide zum Schauplatz nächtlichen Kindermordes. Annette von Droste-Hülshoffs Gedicht vom „Knaben im Moor" endet: „Ja, im Geröhre war's fürchterlich, / O schaurig war's in der Heide!" Erst ein von Technikhaß und Sehnsucht nach unberührter Wildnis geprägtes spätromantisches Lebensgefühl konnte um die Jahrhundertwende einen Hermann Löns zum Heidedichter machen, der „Mein grünes Buch" schrieb und ein eigenes Gedicht über die „Rosmarinheide", jenes besondere, nur auf Hochmooren gedeihende Erikagewächs, Andromeda polifolia, mit seinen schmalen graugrünen Blättern und den rosaweißen Blütenglöckchen ein Eiszeiterbe.

Moor ist ein vielschichtiges Wort; Meer, Marsch, Morast schwingen mit im Sinne von Unland, Sumpf, Lache. Moorforschung müht sich seit dem vorigen Jahrhundert um die Erfassung der verschiedenen Erscheinungsformen und ihrer Entstehung aus der nacheiszeitlichen Landschaft. Man unterscheidet Niedermoore von Hochmooren. Niedermoore — hierzulande „Moos" genannt — sind nasse Regionen, in denen sich über nährstoffreichem Grundwasser, zum Beispiel über Quellflächen oder an verlandenden Seen, vielfältige Pflanzengesellschaften ansiedeln, Schilfmoore, Seggenmoore oder Waldmoore. Wenn in Erlenbrüchern durch Torfbildung der Boden erhöht, offenes Wasser verdrängt ist, kann als Klimax, also als dauerhafter Endzustand, ein Erlen-Himbeerwald mit Weide, Birke und Faulbaum entstehen. Unter Luftabschluß im dichten feuchten Moormilieu werden Pflanzenreste nicht rasch zu Humus, sondern langsam zu

Torf zersetzt. Dieser enthält neben den braunen Humussäuren noch wirksame Hormone und Fermente, die dem Torfschlamm seine Heilkräfte verleihen. Der Sauerstoffmangel läßt alles im Torf Versunkene gut erhalten bleiben.
Unter besonderen Voraussetzungen beginnt das „Filz", wie der Volksmund sagt, das Hochmoor zu wachsen; es bildet sich jene uhrglasförmig gewölbte feuchte Fläche mit ihrem von der Umgebung unabhängigen eigenen Grundwasserspiegel. Wasser und Nährstoffe kommen nur noch aus der Luft. Hochmoore werden durch verschiedene Torfmoose gebildet, Sphagnen, die mit wenig Mineralien und Eiweiß auskommen, große Mengen Regenwasser binden und rasch in die Höhe wachsen, während ihre absterbenden Teile, unter dem Gewicht der lebenden Schichten quergedrückt, allmählich vertorfen. Der Torf saugt seinerseits Wasser auf wie ein Schwamm. Hochmoore können unmittelbar auf nährstoffarmen Grundwassern und Seen entstehen oder über Niedermooren durch neue Versumpfung bei entsprechendem Klima, wie es vor allem das feuchtwarme „Atlantikum" des sechsten bis dritten Jahrtausends vor Christus dargestellt hat. Hochmoore sind bei ausreichendem Regen eigenartig unabhängig von ihrer Umgebung. In der Mitte, wo am meisten Nässe gespeichert ist, wachsen sie am raschesten. An den geneigten Rändern, dem etwas trockeneren „Randgehänge" gedeihen Heidekraut (Calluna), Birke, Latsche. Am unteren Saum, im Lagg, sickern Moorbäche hervor, speisen Schilfränder, Feuchtwiesen, Bruchwälder. Das Hochmoor hat die Neigung, über andere Regionen hinwegzuwachsen, solange nicht Berge oder Wasserläufe es aufhalten. Die Bruchwälder der Ränder, die Nieder- und Zwischenmoorvegetation ersticken dann langsam im aufstreben-

den Torfmoos und werden überwölbt. Alter Hochmoortorf, bis zu zehn Meter mächtig, birgt als Zeugen dieses Vorganges Birken, Kiefern, Erlen, ja riesige Mooreichenstämme, die einmal hier am früheren Rand gestanden sind. Das berühmte irische Gold, bestürzend schöne Schmuckstücke und Geräte einer rätselhaften Frühkultur des zweiten vorchristlichen Jahrtausends, ist so unter hohe Torfschichten geraten und wird heute da aufgespürt.
Das artenarme, gleichwohl sehr stabile Hochmoor ist von eigenartiger Schönheit. Allerdings gibt es heute fast nur noch vorentwässerte Heidemoore mit rosablühendem Heidekraut, fälschlich „Erika" genannt. Lebende Hochmoore wirken von weitem, zumal im schrägfallenden Herbstlicht, rötlichbraun dank der lebhaft verfärbenden Torfmoose, der Krähen-, Heidel- und Rauschbeeren. Spinnenfäden glitzern darüberhin, Schwebfliegen, Bienen, Libellen durchschneiden die flimmernde Luft. In warmen Nächten beginnen zuweilen die Lamellen des faulenden Hallimasch kräftig zu leuchten. Der Volksmund sprach von „Moormännchen". Die Torfmoose bilden dicke Polster, übersponnen von Moosbeeren und den Rosetten des Sonnentaus. Seine Blätter sind als Insektenfallen ausgebildet. Auf den größeren, etwas trockeneren Polstern, den Bulten, wachsen Zwergsträucher wie Preiselbeere, Rosmarin- und Besenheide, Sumpfporst; in den nässeren Mulden, den Schlenken, ist das Torfmoos leuchtend gelb, grün; steht es dauernd unter Wasser, stirbt es ab. In den kleineren und größeren Tümpeln, den Mooraugen oder Kolken, gibt es kaum Leben; an ihren trockeneren Rändern wachsen Birken und Latschen, Sichtmarken im Weiten.
Noch lebende Hochmoore sind bei uns selten geworden. Schon vor Jahrhunderten zogen die Menschen

erste Entwässerungsgräben, plaggten die Pflanzendecke ab und schichteten die abgestochenen Torfziegel zum Trocknen auf, ein zunächst noch vergleichsweise harmloser Eingriff. Im modernen Großmaßstab betrieben, wie etwa in Irland von der halbstaatlichen Abbaufirma Bord na Moona, bietet das aber ein apokalyptisches Bild: nackte, braune Flächen bis zum Horizont, Riesenmaschinen, Bahngleise, Torfhalden. Nach dem Abtragen bis auf den Grund wird aufgeforstet oder durch Düngen ärmliche Landwirtschaft angesiedelt. Das Wasser ist fort, das Hochmoorleben vernichtet.

Unlängst hat ein findiger Ire eine einfache billige Maschine ersonnen, die von der abgemähten Mooroberfläche aus in schmalen Rillen wie eine Motorsäge in ein bis zwei Meter Tiefe schneidet, von dort Torf aus verschiedenen Lagen heraufholt und in gepreßten Schlangen ablegt. Auch „schlechter“ Torf, ja sogar Moorerde wird dabei brennbar. Das Moor trägt Striemen davon und sackt langsam ab, behält aber wenigstens seine Pflanzendecke. Zwar lohnt nun auch die Ausbeute der letzten kleinen Hochmoore. Aber wenn der Naturschutz rechtzeitig eingreifen könnte, käme nach Aufstauen von Wasser rasch wieder neues Moorwachstum in Gang. Noch aber fehlen in Irland angemessene Gesetze und vor allem Geld. Ein Fünftel seines Stromes gewinnt das Land aus dem Verbrennen von Torf. Keine Lösung ist in Sicht vor dem Verbrauch des letzten Torfziegels.

Immerhin, Niedersachsen, das Land mit den größten erhaltenen Mooren und den letzten dort brütenden Goldregenpfeifern Mitteleuropas, hat endlich, nach Jahrzehnten vergeblicher Kämpfe, 1981 den ersten Teil eines Moorschutzprogrammes beschlossen: Schonung noch vorhandener naturnaher Moore; bei laufendem Torfabbau Erhaltung einer wasserundurchlässigen

Schicht an der Basis, damit sich die Fläche regenerieren kann.

Hoffnung nährt auch die neue Erkenntnis, daß Torf durchaus nicht ideal für Gärten ist. Rindenkompost, wie ihn die Münchner Stadtgärtnerei benutzt, oder Stroh, wie es an neu begrünten Straßenrändern häufig zu sehen ist, decken viel wirksamer ab, trocknen den Boden weniger aus und lockern ihn dauerhafter, weil beides langsamer verrottet. Rinde und Stroh waren bisher Abfälle; Stroh hält man sogar künstlich durch hormonelle Wuchshemmer kurz oder brennt es, wie in England und Irland, wegen seines geringen Wertes auf dem Acker ab. Welche Möglichkeiten tun sich da auf: Strohmieten an den Feldern und Fahrzeuge der ehemaligen Torffirmen, die Strohkompost an den Gartentüren verkaufen.

Aus Hochmooren gewonnener magerer Boden lohnt heute die Bewirtschaftung nicht mehr. Auch hält torfiger Grund die Kälte zurück, bildet in Geländemulden sogenannte Kälteseen, also ungünstiges Kleinklima. Bei Fontane in den „Wanderungen durch die Mark Brandenburg“ lesen wir aber noch, wie zufrieden Friedrich der Große 1779 das auf seinen Befehl hin entwässerte Dosse-Bruch besichtigt, wie er nach dem Wohlbefinden der Kolonisten, der Anzahl des Weideviehs fragt und die Möglichkeit erwägt, den Kremmensee trockenzulegen. Fontane selbst wählt für das zweimal im Jahr fast ganz überschwemmte Oderbruch an anderer Stelle den Ausdruck „wüst“ und in einem „rohen Urzustand“ befindlich. Was er aber nach alten Quellen aus der Zeit vor der Kultivierung zitiert, liest sich heute wie eine Botschaft aus dem Paradies. Die Fische werden aufgezählt, Zander, Barsch, Aal, Karpfen oder Wels und so viele Hechte, daß eigene Fischer, sogenannte Hechtreißer, sich darauf verlegten, diese

mit Keschern in ihre Boot zu schöpfen. Der Fischertrag des Oderbruchs wurde bis Hamburg, Bayern, Italien verkauft. Die Wasservögel bildeten Schwärme, ja ganze Wolken; Kahnladungen voller Enten wurden erlegt; Reiher, Kraniche, Wasserhühner, Rohrdommeln fanden Überfluß an Nahrung; im Dorf Letschin trug jedes Haus drei bis vier Storchennester. Solche Bilder kennen wir allenfalls aus fernen afrikanischen Flußregionen innerhalb strenger Reservate. Dies aber war Deutschland vor zwei- bis dreihundert Jahren. Es fällt schwer, die Sehnsucht nach solch verlorenem Paradies zu zähmen und im Auge zu behalten, daß es eben doch kein Paradies für den Menschen war und daß vor allem kein Weg dorthin zurückführt. Große Teile des fruchtbaren Landes, von dem wir uns heute so üppig ernähren und an dem sich schon König Friedrichs Auge erfreut hat, sind aus solchen entwässerten Niedermooren nach ihrer „Ameliorierung" hervorgegangen. Denn Niedermoore ergeben gute Böden.
Kehren wir zu den Hochmooren zurück. Sie brauchen — außer sie füllen Talsenken — eine nasse Pufferzone von Feuchtwiesen und Bruchwäldern, mögliches Fruchtland also. Hier liegt die eigentliche Schwierigkeit. Bauern haben in erfolgreichen Jahrtausenden der Landnahme gelernt, nasse Flächen gewinnbringend zu entwässern. Das Dränieren ist — vollends bei den zuständigen Behörden — geradezu eine Manie geworden. Feuchtwiesen haben neben ihrem hohen ökologischen keinerlei unmittelbaren ökonomischen Wert. Die früher dort gemähte Streu braucht heute niemand mehr. Die einst überlebenswichtige Landgewinnung, die geradezu Kulturvoraussetzung war, schlägt heute eindeutig in Sinnlosigkeit um: Jeder weitere Abzuggraben leitet Lebenswasser ins Nichts, verringert unsere Welt. Wie ist jedoch diese Einsicht in die Tat umzusetzen?

Wie wäre zu erreichen, daß geschützte Hochmoore auch einen Ring von Feuchtwiesen und Bruchwäldern behalten, der sie vor dem Austrocknen bewahrt? Von weiterem Moorwachstum ganz zu schweigen?
Im nährstoffreichen Niedermoor gedeihen seltene Pflanzen, Trollblume, Iris, Mehlprimel, Orchidee, großer stengelloser Enzian, Wollgras; hier wohnen Brachvogel und Wachtelkönig. Hier verbirgt sich der Birkhahn, der zeitweise vor allem von den Moosbeeren des Hochmoores lebt und ein bis zwei Quadratkilometer große Reviere braucht. Die Hochmoore selber sind empfindlich gegen Trittverletzungen, nur befestigte Knüppeldämme schaden ihnen nicht. Das Moor wird darum nie zur Erholungslandschaft werden. Nicht einmal das. Ob wir zu all diesen Opfern bereit sind, nur weil sonst ein Stück Welt auf immer untergeht?
Nur? Vielleicht verlieren wir auch unser Trinkwasser. Und das könnte sogar Hoffnung wecken. Daß es besser ist, statt aufbereiteten gechlorten Wassers frisches zu haben, das begreift auch der, dem kein Birkhahn, keine Große Mosaikjungfer (eine Hochmoorlibelle) und keine Rosmarinheide eines Blickes wert sind. Darum ist es nicht so wichtig, mit welchen Argumenten wir für die gefürchtete, geliebte und — wie sich nun endlich zeigt — auch unentbehrliche Wildnis kämpfen. Am Ende oder gleich zu Anfang kommt es nämlich auch genau darauf an, daß eine großblütige, braune und weiße Orchidee, Epipactis palustris oder Sumpfwurz, im Niedermoor so wenig ausstirbt wie die Rosmarinheide im Hochmoor, beides seltene Gewächse von besonderer Schönheit, Geschenke der nach der Eiszeit hier wieder auflebenden Flora, und äußerst bedroht. Noch unlängst waren wir nicht für sie verantwortlich. Heute hat sich da etwas Entscheidendes geändert: Zur Weltherrschaft ist uns, ob es uns

gefällt oder nicht, die Weltverantwortung zugefallen. Nun erst sind wir wirklich mündig.

Ist unsere Lage deshalb so bedrohlich geworden, weil wir aufgehört haben, an die Gefahr der Sümpfe zu glauben, an trügerischen Schwingrasen und verborgene Tiefen? Daß wir, statt ihrem Bann zu gehorchen, uns an ihnen ebenso vergriffen haben wie an den Bergwäldern, den Quellgebieten und an den Wasserläufen?

Das Moor ist nichts für Romantiker, keine Idylle für Erholungsuchende. Es ist eine den Menschen abweisende Landschaft, mit ihrem „Bleiben ist bitter, Verharren tödlich".

Paul Celan, den verschwindenden Dingen noch einmal Metaphern der Sprachlosigkeit abringend, ehe er selbst verstummte, hat fremdklingende Worte für das Moor gefunden, für die

„. . . die halb –
beschrittenen Knüppel-
pfade im Hochmoor,

Feuchtes,
viel."   („Todtnauberg" aus „Lichtzwang")

Keine Einladung zur Erbauung ist das. Aber ein düsteres Licht spürt der Dichter auf, der den Sprachgang ins Schwankende dennoch gewagt hat:

„Wetterfühlige Hand,
die Moorlache weist ihr den Weg,
nachts, durch den Bruchwald.

Lumineszenz.

Wer jetzt die Bälge der Torforgel tritt, ein-
beinig, der
gewinnt einen Starkstrahl
Verlust."   (Aus „Lichtzwang")

Immerhin, dieser Verlust hat seine eigene Lumineszenz, ein Dämmerungsleuchten, irrlichternd in der Finsternis unseres Weltvergehens. Könnte man es nicht auch so deuten, daß mit Hilfe solcher Lumineszenz der weltverantwortliche Mensch der Zukunft seinen mühereichen Weg finden werde? Eine weisere Subspezies wird er sein als der Eroberer und Herrscher der jüngeren Vergangenheit und der Gegenwart. Mitten im Untergang könnte ihn ein so starkes Aufstrahlen der Dinge treffen, ein solch inständiger Glanz von Glockenheide, Sonnentau, Gottesgnadenkraut, daß er wider alles Erwarten zu dieser Entwicklung doch noch fähig würde.

Denk es, wie grün

Wind,
Welle auf Welle
im Saatengrün.
Wohin
die dunkle, die helle,
woher mit dem Wind?

Wogen, die lachen
im Ährenfeld,
Wogen wie Zorn.
Bald fällt
der Sense das Korn
in den Rachen.

Denk es, wie grün
unser Windspiel war,
wie leis! Um die Erde
rings laß es ziehn:
daß ein neues werde,
grün übers Jahr.

Clemens Podewils

Das halbe Himmelreich – Erinnerungen an die Sommerwiese

Ein Bild zieht lebenslang mit: der Blick in flimmernde Sonne zwischen Kirschzweigen, davor die Silhouette der Kinderfrau, ein Blick nach oben aus einem Sportwagen heraus, in dem das Kind zum Zorn der nur wenig älteren Schwester noch geschoben wird. Ein Zug rattert vorüber, die Kinderfrau winkt – Zügen müsse man immer nachwinken –, sie wischt eine Träne fort. Was Erwachsene bloß zu weinen haben, wenn der Zug aus Pilsen in der Sonne herankommt und zwischen Wiesen und Feldern Richtung Eger verschwindet?

Später werden die Mädchen von einer anderen Kinderfrau die „Obstallee" am großen Mühlacker vorbeigeführt. „Oh, le beau coquelicot" ist der erste eigene französische Satz, der, täglich anzuwenden an derselben Stelle, die Erscheinung benennbar macht. Es waren die letzten Ausläufer einer Zeit, vorsintflutlich, die in der Familie das Erlernen des Französischen noch früher als die Schulpflicht vorsah. Dies und jenes ist dann dazwischengekommen, was zwischen Pilsen und Eger mit vielem anderen sogar das Deutsche fortgeschwemmt hat.

Das Mohnrot und das Kornblumenblau gehören ebenso zur fernen böhmischen Kindheit. Doch wie zur Bestätigung, daß jenes Entzücken der Fünfjährigen am Prangen des „coquelicot", des feurigen Mohns auf Goldgrund, kein Traum war, tauchte kürzlich in der Rosenheimer Gegend solch ein Feld am Straßenrand wieder auf. Autos waren stehengeblieben, Frauen und Kinder pflückten Mohn und Kornblumen, hingebungsvoll, hastig, mit einer Art Heißhunger – Hunger nach Schönheit: Blumenschönheit.

Für das Kind waren die Blumen Köpfe, Gesichter, auch Hauben oder Hüte zarter Wesen, die, kaum drehte man ihnen den Rücken, anfingen, miteinander oder mit Schmetterlingen, Bienen und Hummeln zu tanzen, Wiesenfeste in der Mittagshitze oder unter kühlem Mondlicht zu feiern. Der Sommer bekam gläserne Flügel. Diese seine besondere Steigerung verdankte er einigen Bilderbüchern, die später der Verachtung gescheiter Leute anheimfielen. Heute kann man die kleinen Bändchen von Bohatta-Morpurgo, die Naturmärchen von Venz-Viëtor, vor allem aber die präzise Naturpoesie von Ernst Kreidolf überall wieder kaufen. Sommerwiesen leben in Erinnerung und Phantasie auf, während Wanderer zwischen grünen Maiskulturen und früh gemähten Silowiesen ihrer asphaltierten Wege ziehen.
Es hat gelb angefangen mit Schlüsselblumen und kleinen Lilien, den Wiesengoldsternen an der Hecke, mit Sumpfdotterblumen die Windungen des Baches entlang. Rosaweißes Wiesenschaumkraut folgt, dann ist wieder gelbe Zeit, Löwenzahnzeit auf der Gänsewiese und im Garten; aus Kuhblumen werden lange Ketten, wenn man die hohlen Stengel ineinanderschiebt. Gänseblümchen werden anders verkettet, die Stiele ein Stück gespalten zu Nadelöhren für den nächsten Stiel. Den Samen der Pusteblumen blickte man gerne über die nun wieder weiße Wiese nach — Fallschirme in den Himmel hinein; wer möchte da nicht stürzen? Ein drittes Gelb bringt der Hahnenfuß auf die Viehweide; mit seinen zackigen Früchten drückten die Kinder einander „Narben" in die braunen Arme, holten die Verwundungen des damaligen Kriegsalltages in ihre Spiele herein. Der Wiesenkerbel bringt auf den gedüngten feuchten Wiesen die dritte weiße Welle. Später machen Nelken, Margeriten, Glockenblumen die mageren Hangwiesen bunt.

Damit wir mehr als nur ein Gewirr von Farben wahrnehmen, bedarf es der Namen. Mit der zweiten, der Namenwiese über der Blumenwiese, tritt die Natur erst in ihre Identität, wird zur Erscheinung.

„Wenn die Mittagslichter brennen
Und die andern Menschen ruhn,
Kommt in seinen grauen Garten
Nur der Dichter, nichts zu tun
Als das Namenlose nennen."

Wilhelm Lehmann nimmt hier am Schluß seines Gedichtes „Der Baldgreis" den nie ganz endenden Auftrag Adams wahr, den Dingen Namen zu geben. Sonst bliebe der Garten grau. Denn das Unbenannte ist nicht eigentlich da. „Wie heißt das?" fragen Kinder, solange sie noch staunen können. Wer ist diese Blume? Da haben sie noch die Macht des Dichters.

Lehmanns „Baldgreis" ist eine unauffällige Feldblume, spärlich gelbe raschwelkende Blüten, dann ein kleines Bündel Samenschirmchen. Das Wortspiel bezieht sich auf den lateinischen Namen Senecio, deutsch Kreuz- oder Greiskraut. Die Namen, meist alt, haben vielerlei Bedeutungsschichten — wie Schiefergestein. Arnica, ein seltener Korbblütler, mit Margerite oder Löwenzahn verwandt, zu deutsch Alpenwohlverleih, ist eine wichtige Heilpflanze, in deren Namen auch altsächsisches „wulveleie", somit der Wolf steckt. Sie verleiht neues Wohlbefinden. Der Ackergauchheil, ein rotes Blümchen, wurde bei Geisteskrankheit angewandt, heilte den Gauch, den Narren, oder heilte „gach", also rasch. Die Osterluzei, eine gelbröhrige Wegrandblume, ist eine komplizierte Insektenfalle, die ihre Fliegenbesucher erst nach dem Welken freigibt, bepudert mit Pollen zur Befruchtung der nächsten Blüte. Der deutsche Name ist verballhorntes „aristolocheia" nach dem altgriechischen Autor Dioskurides, also „bestes Gebären“. Sprachjahrtausende fließen hier ineinander. Die meisten volkstümlichen Namen sind sprechend und voller Wohlklang: Himmelsherold, eine strahlendblaue Hochalpenblume; Brust- oder Engelwurz, von großer Heilkraft; Odermenning, das ungeklärte griechische „agremonion“ im Namen bis auf uns bringend; Mädesüß, das den Met süßt; oder die nicht geheure, fast hexenhaft klingende Dornige Hauhechl, ein stacheliger rosaweißer Schmetterlingsblütler, dem Klee nahestehend, gefürchtet von barfüßigen Kindern, von Schafen gemieden. Reich ist die Namenwiese und bunt über alle Maßen.

Auf sogenannten einmähdigen, erst im Spätsommer gemähten Wiesen gibt es noch ursprüngliche Blumengesellschaften mit einem Artenreichtum ohnegleichen. Der Bund Naturschutz bewacht die Hardtwiesen westlich des Starnberger Sees, wo zwischen Orchideen, gelbem Ochsenauge, süßem Labkraut, in einem Meer zartweißer Graslilien der Klebrige Lein, ein großes rosa Linum blüht, vor allem aber die Sumpfgladiole, so selten, daß gebräuchliche Blumenbücher sie nicht einmal erwähnen. Hier blüht sie, die im Erdinger und Dachauer Moos so ziemlich verschwunden ist, noch in Fülle, leuchtend violettrot, seit Urzeiten am Ort ansässig, jederzeit durch Düngung und verfrühte Mahd zu vertreiben.

Ehemalige Moor-, Ufer-, Waldrand- und Lichtungspflanzen haben die Wiese besiedelt. Hier im Hardt, einem Stück der voralpinen „Drumlin-Hügellandschaft“, wie sie am Rand und an den Enden der Gletscher aus Moränenschutt aufgehäuft und vor rund 10 000 Jahren langsam von der Vegetation zurückerobert worden ist, hat es auf dem steinig mageren Talboden möglicherweise nie Wald gegeben. Sonst aber ist

die Wiese fast immer eine ephemere, vergängliche, eine von Menschen geschaffene Landschaft. Schon in der sogenannten neolithischen Revolution, dem Beginn des Ackerbaus in der Jungsteinzeit, waren die fruchtbaren Täler und Lößflächen gerodet worden, entstand die durch Sichel und Sense, also durch Schnitt bedingte Wiesenflur. Kulturunabhängige Wiesen halten sich nur an der Küste als salzige Marschwiese, an überschwemmten und von Eisgang waldlos gehaltenen Flußufern und auf Gebirgsalmen über der Baumgrenze.
Die Harmonie von Waldrand, Wiese, Feld und Dorf ist ein Werk menschlicher Kultur, ein Gleichgewicht zwischen Wildnis und zugänglichem, vertrautgemachtem Bereich (Ökumene), in dem wir sein können. Diese gestaltete Landschaft war gemeint, als das 18. Jahrhundert von einem Zurück-zur-Natur träumte. Die Wildnis galt dagegen geradezu als häßlich, niemand sehnte sich nach ihr. Der Anger, die Au oder Heide war freundlich einladend.

„Sô die bluomen ûz dem grase dringent,
sam sie lachen gegen der spilden sunnen,
in einem meien an dem morgen fruo,
Und diu kleinen vogelîn wol singet
in ir besten wîse die si kunnen,
waz wunne mac sich dâ gelîchen zuo?
Ez ist wol halp ein himelrîche . . .“

Ein „halbes Himmelreich“ nennt Walther von der Vogelweide in diesem um 1200 entstandenen Gedicht die blumige Au, deren Schönheit nur noch vom Anblick der Dame übertroffen werde, wenn sie geschmückt in Gesellschaft gehe und sich zeige.
In seinem heute berühmtesten Gedicht preist Walther ebenfalls diesen Blumenanger:

„Under der linden
an der heide,
dâ unser zweier bette was,
Dâ muget ir vinden
schône beide
gebrochen bluomen unde gras.
Vor dem walde in einem tal,
tandaradei,
schône sanc diu nahtegal.“

Hier ist genau jene Harmonie von Wiese, Baum und Waldrand angesprochen, die als Menschenwerk nach maßvoller Rodung und bei geduldiger Nutzung die Kulturlandschaft ausmacht. Dem Unwegsamen, dem Urwald ist zwar nur ein halbes Himmelreich abgerungen worden. Aber das ist nicht so wenig. Mehr war uns wohl nicht zugedacht. Zu verlieren ist es allerdings jederzeit; seine Zerstörung hat erst unlängst die aus den Fugen geratene, aggressiv chemisch und mechanisch aufgerüstete Landwirtschaft besorgt.

Die alten Flurnamen weisen oft weit zurück, auf Herrensitze, die seit vorrömischer Zeit verlassen sind, auf bronzezeitliche oder noch ältere Siedlungen und Gräber, auf lange vergessene Ereignisse. Auch viele Wege sind alt, ziehen Windungen ehemaliger Grenzen nach, sind grasig über römischem Pflaster oder steinig auf mittelalterlichen Postkutschenspuren, verbinden Kirchen, Dörfer, Mautstationen, Furten. Sie sind Geschichte, benennen, teilen, umgrenzen die Landschaft, sind gleichsam ihre Namen, ihre Syntax.

Die Biegung eines Feldweges einen Hügel hinauf zu einem breitkronigen Ahorn mit Feldkapelle oder Bank, das spricht uns unwiderlegbar einleuchtend an. Wir verstehen augenblicks, ohne zu wissen, was da und warum es spricht: Dort oben werden wir ankom-

men. Erinnerung mag hereinspielen an Mittagsrast nach Heuarbeit, an Kühehüten, an fiebernd erwartete Begegnung. Vom „Zuspruch des Feldweges" schreibt Martin Heidegger in einer kleinen Schrift: Der Feldweg „sammelt ein und trägt jedem, der auf ihm geht, das Seine zu". Dieser Zuspruch mache heimisch.
Wenig ist davon übriggeblieben; zum zweiten, ja dritten Mal bereinigte Fluren haben ihre alten Wege längst verloren, asphaltierte Zeilen sichern den immer noch größer werdenden Maschinen rasche bequeme Zufahrt. Vom Heideggerschen Feldweg in Meßkirch ist nur ein Straßenschild in einer gesichtslosen Siedlung geblieben.
Ohne Ausdruck und karg sind auch die Fluren heute. Weidewirtschaft und Ackerbau hatten einst Lebensraum für Pflanzen- und Tiergesellschaften erschlossen; Hase, Maus, Rebhuhn, Wachtel, Brachvogel nahmen hier Wohnung, vielerlei Insekten und in der Hecke Wiesel, Marder, Igel, Grasfrosch; drüber kreisten Bussarde, sangen Lerchen. Mit der Hecke hat das „halbe Himmelreich" seine Stütze verloren, mit den bis dicht an die Wege aufgepflügten Rainen die letzten Wohnränder für Blumen und Insekten. Egge und Walze und die für das Silo vorverlegte Mahd vernichten die Nester bodenbrütender Vögel. Leitungsmasten und -drähte bieten Krähen so bequemen Ansitz, daß diese nach beiden Seiten auf breiter Fläche alle etwa noch vorhandenen Nester erkennen und vollends ausrauben können. Der Wachtelschlag ist ebenso verstummt wie das Schnarren des Wachtelkönigs. Nur Kiebitze konnten die öden Maissteppen erobern, gaukeln über sie hin.
Manche Flurbereinigungsämter, etwa im Donauries, beginnen aber, auf Naturschützer zu hören. Ist es denn nicht auch zu begreifen, daß zum Beispiel Einbußen an

Anbaufläche durch sinnvolle, also zehn Meter breite Hecken spielend aufgewogen werden dadurch, daß diese Schutz gegen Wind und gegen Bodenverwehung gewähren, daß sie die wuchsfördernde Kohlensäure stauen und eine die Schädlinge im Zaum haltende Tierwelt beherbergen: Schlupfwespen und Raupenfliegen, Wolfs- und Krabbenspinnen, Neuntöter, Zaunkönige, Rotkehlchen, Blindschleichen, Eidechsen und Kröten. Eine ökologisch aufgeschlossene Behörde könnte ihre bedeutenden Mittel statt für weitere konventionelle „Bereinigung" ebensogut für die Gestaltung einer modernen, auf Vielfalt beruhenden Kulturlandschaft einsetzen, Hecken, Feuchtwiesen, Wasserläufer wiederherstellen. Das „halbe Himmelreich" wäre leichter zu retten als manche andere Landschaft hierzulande.

Die Tiere und Blumen sind schneller fortgegangen, als sie einst gekommen waren, aber viele von ihnen würden gerne und rasch wiederkehren. Den Bauern, durch die noch unlängst verordnete Aufrüstung der Agrarindustrie jetzt hoch verschuldet, müßte jedoch Zeit zur Umstellung gelassen werden. Die Wege allerdings sind verloren wie ausgestorbene Wörter.

Die naturgeschichtlichen Anfänge der Wiesen treten oberhalb der Baumgrenze und der Matten noch immer in Erscheinung: In den Flechten, eigensinnigen Kämpfern gegen Trockenheit, Hitze und Kälte, schließen Pilze und Algen, beides zarte, der Nässe bedürftige Geschöpfe, einen Bund, der sie dem Felsen überlegen macht. Sie nehmen minimale Feuchtigkeit auf, lösen mit eigenen Flechtensäuren das Gestein und wachsen unendlich langsam zu leuchtend gelben, grünen, schwarzen Flecken, heiteren Lebensmustern im Grau. Moose folgen nach, fangen Staub ein, bilden Feinerde für erste, sogleich überschwengliche Blütenpflanzen: Felsennelke, Mannsschild, Berglauch. Im Lauf von

Jahrhunderten entsteht der dauerhafte Trockenrasen, eine urtümliche, vom Menschen unabhängige Wiese. So hat es immer wieder begonnen. Später verdrängte der Wald im Tal die Wiesen.
Zwischen dem Blühen von Winter- und Sommerlinde hören die meisten Vögel zu singen auf. Doch wird der Sommer deshalb nicht stumm. Goldammern tragen die Melancholie ihres Liedes über offenes Land bis in die Erntezeit: „Ich-ich-ich hab' dich lieb" skandiert der Volksmund dazu, oder „Bäuerlein-Bäuerlein 's ist zu früh". Jetzt beginnt das grüne Heupferd im Gras zu geigen, Laubheuschrecken in den Alleebäumen und Zikaden beginnen zu wetzen und zu schnarren. Auf einmähdigen Blumenwiesen fliegen Falter, es sollen einst ganze Wolken gewesen sein, summen hastige Hummeln und kleine Wildbienen. Der Juniwind hatte mit sanften grünen Wellen das Getreide bestäubt. Später in der Sommerhitze fängt das Licht zweideutig zu flimmern an.

„Ist eine Zuflucht noch offen?
Lodern dort Fittiche auf?
Da, zwischen Seufzen und Hoffen,
hemmt, von Verwandlung betroffen,
plötzlich das Jahr seinen Lauf ..."

So lautet eine Strophe in Elisabeth Langgässers Gedicht „Daphne an der Sonnenwende". Es ist ein Gedicht über die Dämonie des Sommers.
Die Sommerflur ist der Ort von Mittagsgeistern: der bocksbeinige Pan blinzelt, Demeter schreitet über die Felder, die Roggenmuhme raschelt zwischen Getreidehalmen, über denen Mückenschwärme als flüchtige Lichtsäulen stehen. Verwandlungen greifen um sich, wenn der Mohn reift, nichts mehr ist gewiß im sommerlichen Stillstand des Jahres, alles wird möglich. Zur

Zeit des zweiten Heus wird diese stehende Fülle zum Zeitbrunnen. Lehmann sagt in „Atemholen“: „Die Zeit steht still, die Zirkelschnecke bändert / Ihr Haus ...“

Das Kind, barfüßig auf Feldwegen, weichen Teppichen aus Breitwegerich und Hundskamille, wohnte in dieser Sommerewigkeit. Unter den aufgestellten Getreidegarben hatten sich Feldmäuse eingerichtet und rannten entsetzt durcheinander, wenn vor dem nachrückenden Erntewagen die Garbenhäuser umgeworfen wurden. Darauf warteten die Hunde. Stoppeln taten den nackten Füßen weh.

Heute ist die Kornrade, eine besonders seltene rote Nelke im reifen Ackergelb, seit der Steinzeit als giftige Samenträgerin bekannt, nahezu ausgestorben, die Kornblume gilt als bedroht. Nur der Mohn färbt die Kieshaufen am Rande neuer Betonlandschaften. Ihn als Ackerblume wiederzufinden, erscheint dem erfreuten Spaziergänger wie ein Kindertraum, Traum einer Schönheit, die von selber da ist. Der Dichter hat sie benannt, kurz ehe sie sich abwandte. „Der grüne Gott“ hieß einer von Lehmanns Gedichtbänden. Heute sieht es so aus, als ob der mit dem Stempel „Naturmagie“ abgetane Alte seiner Zeit weiter voraus war, als mancher sich träumen ließ.

Wenn der Sommer einmal zwischen Asphalt, Silo und Monokulturen unsichtbar und seiner gläsernen Flügel beraubt sein wird, werden auch die letzten Wege verschwunden sein, die weiter führten als vom einen Ende des Feldes zum anderen. Wohin wir dann wohl gehen wollen während unserer vielen Ferientage?

Wiesmaden – Waldviertel

Weiße Birkenengel vorm Tor
haben unsere Tage behütet.

Während der Nachtreif die Wiesen bedeckte,
fuhren wir aus mit dem Großen Wagen
in unendliche Sternenhimmel,
die uns firmten mit Kälte und Klarheit.

Stärker als die Gerüche des Nebels
durchdrang uns morgens der Duft der Wälder:
Pfingstgeist des Schweigens und Sakrament
der Stille aus Harz und Granit.

Christine Busta

Nun schweigen alle Wälder

Im Donauries, jener vor 17 Millionen Jahren von einem gewaltigen gasförmigen Meteoriten aufgerissenen Mulde, hat der lichte Laubwald an warmen Südhängen zwischen Juni und September eine eigentümliche Stimme: Der Halbschatten vibriert von einem allgegenwärtigen klangvollen Trillern, das, obgleich stark und melodisch, dem unaufmerksamen Ohr mit Sicherheit entgeht. Hier singt die seltene Waldgrille, Nemobius sylvestris, gedrungen kleines, schwarzbraunes Insekt ohne sonstigen Reiz. Stridulieren nennen's die Fachleute, was sie mit dem Instrument ihrer Flügel hervorbringt. Häufiger ist die Waldgrille in den zur Rheinebene hin abfallenden Kastanien- und Haselwäldern der Vogesen, denen die Fallwinde den Regen vorenthalten, so daß er erst drüben über dem Schwarzwald reichlich niedergeht. Nemobius singt die Melodie der Stille, der Wärme und des auf Laubboden fallenden Sonnenlichts.

Anderswo ist der Sommerwald still und ernst im Schatten seiner Wipfel, Stämme und dicht belaubten Unterhölzer mit Erdbeeren und Himbeeren auf Lichtungen. Er ruht nach den stürmischen Aufbrüchen des Frühlings. Bereits im März, oft auch schon im Februar, singt laut, leidenschaftlich bewegt, mit kurzer Strophe am frühen Morgen die Misteldrossel, meist mit der Amsel verwechselt und doch von ihr wohlunterschieden. Sie bevorzugt hohe geschlossene Wälder, wo Meisen, Kleiber, Goldhähnchen, Kreuzschnäbel wohnen und der Frühling ohne diese Stimmen unauffällig bliebe.

Von einer Pracht ohnegleichen ist hingegen der Frühling im lichten „Lohwald", einem Eichenwald auf der grundwassernahen nördlichen Münchner Schotter-

ebene. Unter den kahlen Kronen wächst zwischen Seidelbast ein Blumenteppich aus Lerchensporn, Aaronstab, Milchstern, Salomonssiegel, Lungenkraut und später im Jahr Türkenbund.
All diese Pflanzen nützen die knapp bemessenen Sonnenwochen vor dem Blattaustrieb der Bäume für ihre intensive Vegetationsperiode, ehe die meisten von ihnen wieder im Waldboden als Speicherknollen, Rhizome, Zwiebeln neun bis zehn Monate auf das Ende des nächsten Winters warten. Häher rufen, Meisen singen, Rotkehlchen, Fliegenschnäpper, Rotschwanz, Baumläufer, Drossel, Zaunkönig in einer Vielfalt, die der Üppigkeit der Vegetation entspricht.
Ganz anders der Buchenwaldfrühling. Zwischen den silbrigen Stämmen wächst wenig Grün. Um so überraschender sind die blauen Köpfe der Leberblümchen, die Sterne der zarten Buschwindröschen. An Rändern oder unter lockerem Buchenbestand duftet schon im März der Seidelbast, dürftiger Strauch mit Blüten von bestürzendem Rosa, Daphne genannt, weil die durchaus sprachmächtigen frühen Botaniker das Wunder des Seidelbastes nicht anders denken mochten als im Bild der vom Gott verfolgten Nymphe: Sie konnte sich nur als Blütenstrauch den Nachstellungen Apolls entziehen. Spechte, Kleiber, später Laubsänger prägen die auch hier vielfältigen Stimmen des Frühlingswaldes.
Nach der stillen Melancholie des Sommers gibt der Herbst dem Wald mit den Pilzen seine Heiterkeit zurück. Der Sammler erkennt die Standorte gleichsam aus den Augenwinkeln und mit den Fingerspitzen, das Moosgrün unter Fichten und Kiefern für den braunglänzenden Maronenröhrling; den braunroten Buchenwaldboden, der den Steinpilz trägt; den kahlen Nadelwaldboden, der reichlich zimtfarbene Waldchampignons, Parasole und weiße Egerlinge hervorbringt. Ein

Fest für jeden, der Pilze auch als Liebhaber und Bewunderer aufsucht, ist die Begegnung mit dem nicht ungiftigen Fliegenpilz, Amanita muscaria, der Rausch und Träume schenkt. Welche schöpferische Phantasie hat den Braun- und Grüntönen des Waldbodens mit Hilfe komplizierter chemischer Umwandlungen dieses Fliegenpilzrot, gefleckt von den weißen Resten der Umhüllung, abgewonnen? Warnung, Verlockung, wer weiß? Jedenfalls Gestalt, in Schönheit gehüllt und von besonderer Ausdruckskraft. Noch einmal singen im Herbst die Vögel, Frühlingsecho von Rotkehlchen, Zaunkönig, Meise und leise vor sich hin „studierenden" Amseln. Dann breitet sich Winterschweigen aus, zuweilen von Liedern der Kreuzschnäbel skandiert, die nun so reichlich Zapfen ernten, daß sie auch mitten im Winter Hochzeit halten und brüten können. Das Wild dürfte jetzt nicht gestört werden, der Saftstrom der Bäume ruht wie die schon fertig ausgebildeten Knospen.

„Es knospt
unter den Blättern
das nennen sie Herbst."

So schreibt Hilde Domin in einem Gedicht des Vertrauens ins weitergehende Leben.
„Das ewig frische Grün der Nadelhölzer erheitert die öde Winterlandschaft. Es verkündet gleichsam den Polarvölkern, daß, wenn Schnee und Eis den Boden bedecken, das innere Leben der Pflanzen wie das Prometheische Feuer nie auf unserem Planeten erlischt", schrieb Alexander von Humboldt in seinem 1807 erschienenen Essay „Ideen zu einer Physiognomik der Gewächse". Hier gedenkt der von der Üppigkeit tropischer Regenwälder erfüllte Amazonasreisende der kargen winterlichen Kiefernwälder seiner märkischen Heimat.

Mit diesem „ewig frischen Grün“ haben wir auf einmal Sorgen, wie sie sich das Zeitalter der Humboldts nicht hätte träumen lassen. Wer beim Pilzesuchen aufgemerkt hat, der konnte in noch unlängst gesunden oberbayerischen Kalkbodenwäldern ein Rieseln hören, das bei kaum spürbarem Wind vom steten Fallen der Fichtennadeln kam, die im September keineswegs in solchem Umfang abgeworfen werden dürften. Das Grün der Fichten und Kiefern — von den seit Jahren sterbenden Tannen nicht zu reden — spielt ins Gelbliche oder, wegen Befalls mit Rußpilz, ins Schwarze. Die Kronen lichten aus, die jüngeren Seitentriebe hängen herab wie Lametta. Zapfen werden in einem letzten Aufflackern von Vermehrungswillen massenhaft hervorgebracht, an falschen Stellen wachsen sogenannte Angsttriebe. Sind die Bäume erst einmal geschwächt, die Wipfel kahl, genügen mittlere Herbststürme, durchschnittliche Schneelast, um ganze Waldpartien niederzulegen. Borkenkäfer, Nonnenschmetterlinge, große und mikroskopisch kleine Pilze bis hin zu Bakterien und Viren, etwa die gefährlichen Myxoplasmen, befallen die angegriffenen Bäume als Schwächeparasiten und töten sie oft rasch ab. Dürrekatastrophen tun ein übriges.
Was uns bisher als Gefahr für den Wald beunruhigt hat, das Wachsen der Städte, Industrien, Straßen und der landwirtschaftlichen Anbauflächen, das rastlose Zerstreuungsbedürfnis der wandernden, joggenden, bergsteigenden, skifahrenden Stadtnomaden, die mit ihrer immer längeren Freizeit und höheren Mobilität den letzten Resten unberührter Natur hart auf den Fersen sind — all dies ließe sich mit dem guten Willen einer dem Naturschutz aufgeschlossenen, womöglich sogar opferbereiten Bevölkerung noch bis zu einem gewissen Grad in letzter Minute vielleicht ausgleichen.

Ein Netz von strengen Reservaten, Trittsteinen für die Natur, wo sie sich vom Menschen erholen kann, wäre durchaus zu retten.
Aber derlei vielleicht nicht ganz illusionäre Gedanken sind beinahe überholt von der beklemmenden Wirklichkeit des Waldsterbens. Unerwartet ist es wirklich nicht gekommen. Seit langem konnte man wissen, daß skandinavische Seen wegen Übersäuerung bereits tot waren, daß in Industriegebieten vor Jahrzehnten die Flechten starben, daß schon vor der Jahrhundertwende, etwa im sächsischen Industriegebiet, schwere Waldschäden auftraten. 1853 erschien von Adolph Stöckhardt/Tharandt die Arbeit: „Untersuchungen junger Fichten und Kiefern, die durch Rauch der Antons-Hütte krank geworden." Die ganze mißglückte Hochschornsteinpolitik der Sozialliberalen in den frühen siebziger Jahren war bereits unverantwortliches Aufschieben längst anstehender Entscheidungen wider vorhandenes besseres Wissen. Immerhin hielt es die DDR-Regierung schon 1965 für angebracht, den auch hierzulande angesehenen Forschern des Forstinstitutes in Tharandt/Sachsen das Publizieren ihrer gründlichen, weit in die Vergangenheit zurückreichenden Forschungsergebnisse zu verbieten. Das war bis auf weiteres der einzige Beitrag dieses Staates zum Umweltschutz, sieht man vom Export Rudolf Bahros in die Bundesrepublik ab.
Unsere Experten können zwar noch längst kein vollständiges Bild von Ursachen und Wirkungen bei Waldschäden geben, aber sie wissen hinreichend genau: Der Wurzelbereich krankt an anderen Schäden als der Kronenbereich, immissionsbedingt sind sie letztlich fast alle. Auch auf Kalkböden sterben die Bäume, weil saure Niederschläge direkt schädigen, die Wachsschicht der Nadeln und die Atemöffnungen verätzen.

Schwefeldioxid, vor allem aus Kohlekraftwerken und Hausbrand, sowie Stickoxide, vor allem aus dem Flug- und Autoverkehr, bilden mit dem Wasser der Atmosphäre die Säuren des sauren Regens; ihre Giftwirkung verstärkt sich auch noch gegenseitig. Hinzu kommen u. a. Stoffe, die unter Lichteinwirkung aus Emissionen erst entstehen, etwa das atemgiftige Ozon. Industrieferne, dem Wind ausgesetzte Hänge und Bergrücken zeigen dadurch jetzt besonders schwere Schäden. Die hohen Schornsteine haben das Übel also nicht nur weiter weg und auf später verschoben, sondern unmittelbar weitere Schadstoffe mitverursacht, die ausbleiben würden, wenn der Schmutz schneller zu Boden ginge.

Wir müssen nun rasch die Emissionen, zumal die der Kraftwerke und des Hausbrandes sowie die des Verkehrs, entgiften, falls wir nicht die Entstehung von Giften ganz vermeiden können. Wir müssen also etwas tun, was jetzt unendlich schwierig geworden ist, was aber im Grunde von Anfang an selbstverständlich gewesen wäre.

Hinzu kommt, daß die ökologische Entspannung noch viel weniger in Sicht ist als die militärische. Die Verhandlungen der Grenzbevollmächtigten Deutschlands, der Tschechoslowakei und der DDR schleppen sich hin, während der östliche oberfränkische Wald mit wachsender Geschwindigkeit stirbt, da er u. a. den Braunkohlerevieren der Tschechoslowakei und der DDR sowie der Papierfabrik Blankenstein in Thüringen ausgesetzt ist. Wegen des bedenkenlosen Verbrauchs miserabler schwefelhaltiger Braunkohle als Folge abnehmender russischer Erdöllieferungen bieten ehemalige tschechische Wälder (der Nationalpark Riesengebirge soll nun aufgehoben werden) schon jetzt das grausige Bild völliger Verödung; sie steht so ähnlich auch uns bald ins Haus: Hügelketten weithin ohne einen Baum, bedeckt mit den Gräsern, die sich auf Kahlschlägen einstellen. (Unter leidlich günstigen Bedingungen mag eine Neubesiedlung mit Eberesche und Birke möglich sein.) So sieht die Säuresteppe aus, auch sie noch Natur, aber eintönig, arm, allerdings wiederum äußerst stabil. Dem Gleichgewicht der Wüste kann schließlich nichts und niemand mehr etwas anhaben. Auch das Karstgebirge ist eine Klimax — aus der Zeit, ehe das Wunder des Lebens anfing.

Unter Klimax versteht man den vorläufig stabilen Endzustand einer Entwicklung. Der tropische Regenwald — er hat vor 35 Millionen Jahren auch Mitteleuropa bedeckt — ist solch ein Endzustand, in sich beständig dank einer in 60 Millionen Jahren ungestört durch Klimakatastrophen und schroffe Jahreszeiten verlaufenen Entwicklung. Er hat eine Lebensvielfalt ohnegleichen hervorgebracht, die noch längst nicht wissenschaftlich erfaßt ist, ein fein abgestuftes Netz von Beziehungen: So gibt es eine Mimose, M. pracaatinga, die unter ihrer Rinde eine Schildlaus mit süßem Baumsaft ernährt; überschüssigen Zucker gibt die Laus durch Wachsröhren an die weiße Stammoberfläche ab. Kolibris, Wespen, Ameisen und Bienen verzehren diesen Saft, der sonst einen schädlich wuchernden Bakterienrasen nähren würde. Die flügellose Schildlaus befruchtet im Frühling zuverlässig die im dichten brasilianischen Bergwald sonst ganz verlorene Mimose. Der Stoffkreislauf im Regenwald ist so intensiv, daß alle Nischen besetzt, alles Licht genutzt, alle kreisenden Stoffe schon über dem Boden wieder umgesetzt sind. Der Boden selbst, bis in Metertiefe zu Ende verwittert und ausgelaugt, stellt fast nur noch Halt für die Wurzeln und Substrat für den Wasserkreislauf dar, ist also nach der Rodung wenig wert und versteppt.

Unser Wald ist im Gegensatz dazu sehr jung. Die Klimax des europäischen Urwaldes, als Nadelwald in höheren und rauhen Lagen, als Mischwald in unterschiedlichen Tallagen, ist viel artenärmer, die Bodenverwitterung noch längst nicht abgeschlossen, der Stoffkreislauf klimabedingt jeden Winter unterbrochen; die Zersetzung abgestorbener Pflanzenteile findet im Boden statt. Die letzte Eiszeit hinterließ vor etwa 12 000 Jahren Schlamm und Schotter; daraus wurde zunächst öde Tundra, in der erst langsam von Südeuropa her überlebende Baumarten einwanderten.

Der auf Mammut und Wildpferd jagende, seine Lagerhöhlen mit magischen Tierbildern meisterhaft schmückende Cro-Magnon-Mensch fand sich in offener rauher Weite. Vielleicht war es diese Weite, die seinen Geist zu den Wellen seiner kulturellen Aufbrüche freigab, anders als bei den ins Sammeln und Jagen gebundenen Waldbewohnern. Vor 7000 Jahren prägte Hasel die Landschaft, man spricht von „Haselzeit". Als die Glockenbecherleute in der Jungsteinzeit hier — wie man glaubt — ihre Megalithgräber bauten, gediehen bereits Eichen; es entstand im wärmeren Klima, dem Boreal, der Eichenmischwald mit Linde, Ulme, Esche, Ahorn und Erle: der Urwald. Er war uralt für die, die ihn vorfanden als anfängliche Wildnis, der sie erstes Ackerland abrangen. Im 3. Jahrtausend breitete sich Buchenwald aus; sah den Durchzug vielfältiger, uns nur durch die Formen ihrer Keramik bekannter Völker und solcher mit ersten Bronzegeräten. Auf Waldrücken häuften sie „Hünengräber" auf, waren seßhaft auf Lößflächen offener Fluß- und Seeufer, später auf eigenen Rodungen.

Dieser nur wenige tausend Jahre alte Wald mußte mühsam in mehreren Anläufen seit der Jungsteinzeit von den Kulturen der Bronze- und Eisenzeit, von den

Kelten, den Römern, als letztes von den Klöstern gerodet werden. Er war je nach Lage verschieden, etwa als feuchter Erlen-Eschen-Wald, als Eichen-Hainbuchen-Wald oder als Bergahorn-Buchen-Wald; er war eher artenarm und bildete eine für den Menschen schreckliche, abweisende Wildnis, Verbannungsort für den Verbrecher, den Vogelfreien oder sog. „waldmann und rûmeland" (J. Grimm, Deutsche Rechtsaltertümer, Bd. II, Darmstadt 1955). Dem Urwald nachzuweinen, wäre so absurd, wie wenn man etwa die heile Tundra der Eiszeit wiederhaben wollte, nur weil sie da war, ehe der Mensch sich ausbreitete.

Das dem Wald abgewonnene Ackerland ist in gemäßigten Breiten über Jahrtausende hinweg fruchtbar geblieben. Unsere aus Wald, Wasser, Moor und Feldern zusammengesetzte Kulturlandschaft ist eine dem Menschen und der Natur gleichermaßen freundliche Gegend geworden, mit reicherer Fauna und Flora als der Urwald.

Im wärmeren Mittelmeerraum haben Hochkulturen schon vor Jahrtausenden die Bergwälder abgeholzt und Karstlandschaften hinterlassen, bestenfalls labilen, von menschlicher Pflege abhängigen Terrassenfeldbau. Obwohl man Quellen heilig hielt, heilige Haine kannte und den Göttern vorbehaltene Bergeshöhen, ist nirgends der Zusammenhang von Bergwäldern, Erosionsschutz und Wasserkreislauf eigens bedacht und beachtet worden. Was die antiken Holzfäller nicht schafften, das besorgten die weidenden Ziegen; sie verhindern bis heute jedes Aufkommen junger Bäume.

In machtvolle Gleichnisse prägt Homer die Arbeit der Holzfäller im Gebirge: Asios stürzt im 13. Gesang der Ilias: „Wie wenn eine Eiche stürzt oder eine Silberpappel / oder eine Fichte, eine hochragende, die in den Bergen Zimmermänner / Herausschlugen, mit Äxten neugeschliffenen, um ein Schiffsbalken zu sein." Durch die Bibel ist der Holzraubbau im Libanon schon für das 10. Jahrhundert v. Chr. bezeugt im Zusammenhang mit Salomons Tempelbau (1 Könige 5,20): „So befiehl nun, daß man mir Zedern aus dem Libanon haue ...", sagt Salomon zu Hiram von Tyrus, der ihm Tannen und Zedern liefert gegen Getreide, und er schickt 10 000 Fronarbeiter auf den Libanon. Im modernen Libanon ist zwar viel für die Erholung der völlig verkümmerten Zedernwälder geschehen, aber nun überzieht alles der Krieg.

Das von Tacitus als schrecklicher Wald oder öder Sumpf gesehene Germanien (Plinius: „Wälder bedecken ganz Germanien und verbinden Kälte mit Dunkelheit") war für die damals längst auf Rodungen siedelnden Menschen gar nicht mehr so feindlich. Es gab Ackerland, Weiler, ja blühende Städte. Der rundum endlose Wald aber blieb noch lange Zeit ein gefürchteter, abweisender Bereich, für die Dichter von seltsamen Wesen bevölkert, etwa in den Sagen des Artuskreises als Zauberwald von Broceliande, wo auch Merlin wohnt.

Als Mitte des 8. Jahrhunderts Herzog Tassilo III. südlich des Ammersees den Eber jagte, entdeckte sein Diener Wezzo im dichten Auwald eine dreifache Quelle, und Tassilo träumte dort von einer Himmelsleiter — vielleicht unter einer jungen Linde, deren hohler Stamm noch heute als Tassilolinde austreibt. Hier gründete der Herzog das später weithin berühmte Rodungskloster Wessobrunn.

Fromme Männer priesen den Urwald schon frühzeitig als Ort asketischer Bewährung und Besinnung: „Glaube mir", sagt Bernhard von Clairvaux im 12. Jahrhundert, „ich hab's erfahren, du wirst ein Mehreres in den Wäldern finden als in Büchern: Bäume und

Steine werden dich lehren, was kein Lehrmeister dir zu hören gibt." Thomas a Kempis hat um 1450 „nirgendwo mehr Ruhe gefunden als in den Wäldern und Büchern". Das klingt wie eine Vorwegnahme dessen, was im 19. Jahrhundert, als der Wald seine Schrecken verloren hatte, die deutsche romantische Waldgesinnung empfand. Doch nicht Naturwehmut trieb Bernhard mit seinen ersten Schülern in die burgundischen Wälder bei Citaux, sondern der Entschluß, wie die Anachoreten in der Wüste sich in der Wildnis durch härtestes Leben auf die Reform der Welt vorzubereiten.

Noch jagte man um diese Zeit in der Pfalz das Wildpferd, den „grimmen schelch", wie das um 1200 niedergeschriebene Nibelungenlied über Siegfried bei Worms berichtet: „Dar nâch sluoc er schiere einen wisent und einen elch, / starker ûre viere, und einen grimmen schelch."

Als im 12. und 13. Jahrhundert die höfischen Artusepen in Frankreich und Deutschland entstanden, ging der fahrende Ritter auf Abenteuerfahrt („aventiure") in die Wälder, die auch Waffenschule der jungen Männer waren. Tristan und Isolde, von König Markes Hof verbannt, erwartet in den Wäldern Cornwalls ein grauenhaftes Leben. Darum stilisiert Gottfried von Straßburg in seiner höfisch eleganten Fassung des Stoffes den Waldaufenthalt des Liebespaares um zur allegorischen „Minnegrotte"; er schmückt diese aus als lieblichen Ort im Hain (was dem antiken „locus amoenus" entspricht), der nichts mit jener Waldnot der Wirklichkeit zu tun hat. Hier lebt noch die Erfahrungsebene einer Zeit, deren Siedlungen Inseln im Urwald bildeten, fremdartigen, unholden oder hilfreichen Wesen nahe. Dort wurzeln die Märchen. Der Eremit überlebte nur mühsam am äußersten Rande der be-

wohnten Welt, zu der der Wald nicht gehörte. Dorthin hatte man ja eben noch den friedlosen Verbrecher geschickt, den „rûmelant“. Das Schicksal eines solch „vogelfreien“ Waldgängers kam fast der Todesstrafe gleich.
Derartiger Rechtsbruch entspricht einer Zeit, in der unverteilter Wald das Land bedeckte. Im Umkreis der germanischen Wohnplätze, der „Marken“, lag der Markwald mit genossenschaftlichen, in sogenannten „Weistümern“ festgelegten Nutzungsrechten. Auf die herrenlose Weite dazwischen legten schon die fränkischen Herzöge vor allem um der Jagd willen ihre Hand, erklärten sie durch „inforestatio“ zu „Bannwäldern“, spätere „Königs- und Reichswälder“, strategisch wichtig als Schutzwälle. Bis ins vorige Jahrhundert waren solche Wälder noch tief genug, um Räubern Unterschlupf zu gewähren. Um 1800 legte sich der im Hunsrück räubernde Schinderhannes den stolzen Namen „Johannes durch den Wald“ zu.
Die jagenden Herren schonten ihre Waldungen vor markgenossenschaftlicher Nutzung und beließen sie weitgehend im Urzustand. Diesen zeitweilig so anstößigen Jagdprivilegien verdanken viele noch immer große zusammenhängende Wälder ihr Überdauern, nicht etwa nur der Einsicht unserer Vorväter; deren Gewinnstreben war auch schon groß, fand sich aber durch vielerlei Bindungen noch eingegrenzt. Aus der Allmende, der Gemeindeweide der Dörfer, ist als letztes der Wald in Einzelbesitz überführt worden, in Bayern erst 1817. Die überbeanspruchten Gemeindewälder verschlechterten sich nach dieser Parzellierung weiter.
Der Markwald war im Mittelalter vor allem Viehweide. Es entstand der Hutewald, eine reizvolle Parklandschaft mit alten Eichen und Wildobstbäumen.

Schäferidyllen des 17. und 18. Jahrhunderts werden noch gerne in solch anmutig halboffener Landschaft dargestellt. Der Wert dieser holzarmen Wälder richtete sich im 15. und 16. Jahrhundert nach dem Mastertrag, etwa nach der Zahl der Schweine, die dort Eicheln und Wildobst fressen konnten. Das Fällen großer Eichen war mit strengen Strafen belegt. Da viele Bäume wie Ahorn, Weide, Kastanie, Linde oder Wildobst insektenbestäubt sind, war die Zeidlerei, die Bienenweide, ein wichtiger Waldertrag, direkt dem Kaiser unterstehend.

Der von Vieh und Schweinen beweidete Markwald konnte sich kaum mehr verjüngen. Das war aber nicht weiter schlimm, solange die Waldweide nur die Ränder der großen Bannwälder betraf. Erst als diese durch holländischen Schiffbau, durch Köhlerei und wachsenden Holzverbrauch der Industriezeit schrumpften, mußte auch die Waldweide der Bauern zum Übel werden. Der sogenannte Zinswald des 19. Jahrhunderts, der nach Agrarmaßstäben bewirtschaftete „Forst" aus schnellwachsenden Fichten und Kiefern, schien zwar den steigenden Bedarf zunächst einigermaßen zu decken, zeigte aber bald die uns so wohlbekannten Schwächen aller Monokulturen mit ihren Kalamitäten durch Schädlinge, durch Wind- und Schneebruch.

Revolutionen mit ihren den Raubbau herausfordernden Rechts- und Besitzunsicherheiten spielten regelmäßig den Wäldern arg mit, so die Französische, die Japanische von 1868 sowie die Russische Oktoberrevolution. Laut Lenin hat der Wald entscheidenden Anteil an der Rettung der Revolution gehabt; die Waldverwüstungen bestätigen es.

Aber auch ohne Revolutionen hat Waldzerstörung weit um sich gegriffen. Im Süden führten Kahlschläge und nachfolgende Ziegenweide seit der Antike zu oft endgültiger Verkarstung der Böden, während in der gemäßigten Zone sich immer wieder bestimmte Pflanzengesellschaften ansiedeln, Vorboten neuer Wälder. So hat in Mitteleuropa das feuchtkühle Klima dazu beigetragen, den Wald zu erhalten. Doch in sensiblen Gegenden wie dem Hochgebirge oder der Küste können auch hier schon einmalige Kahlschläge Bodenkatastrophen einleiten. Die schonendste Waldnutzung ist das Pläntern, das Herausschlagen von Einzelbäumen.

Wald ist schön. Wald ist nützlich. Da der schönere, der gemischte Wald, stets der gesündere ist, wäre er am Ende auch der nützlichere. Doch so einfach dies scheint, jenes Ende liegt zu fern für uns. Naturwald erreicht erst nach vielen hundert Jahren die Klimax, den nach Boden und Klima günstigsten stabilen Endzustand. Pflege verkürzt diese Zeit, ist heute unentbehrlich. Allerdings ist es schwer geworden, auf gewinnbringende, aber bodenschädigende Nadelhölzer in guten Lagen zu verzichten, um 150 Jahre und länger auf Eichen zu warten, von der die Feuchtigkeit bindenden und als Boden- und Windschutz ökologisch so wichtigen, aber wenig einträglichen Buche ganz zu schweigen. Da es denn einmal mit Kahlschlägen und Monokulturen schon seit vielen Generationen angefangen hat — wer sät und wartet nun, damit Ururenkel wieder ernten können? Tief sind wir — schlechte Hauswirte unseres grünen Planeten — hineingeraten in die Verschuldung an der Zukunft.

Immerhin, viele Privatwälder sind noch artenreich und daher gesünder, manche Staatswälder stellen sich um. So baut der Staatsforst Ebrach im Steigerwald eine ausgewogene Waldlandschaft mit Rücksicht auf Vögel und durchsetzt von Tümpeln für Amphibien neu auf. Da Samen Jahrzehnte und länger überdauern, können manche für ausgestorben gehaltene Pflanzen dort wie-

der auftauchen. In höheren Lagen sind Nadelwälder besonders stabil, doch müssen verschieden alte Bäume beisammenstehen, um Wind- und Schneebarrieren zu bilden.
Bergeshöhen waren einst geheiligter, unberührbarer Bereich. Darauf kommen wir heute auf weitem Umweg zurück in der Erfahrung, daß Bergwälder unserem Leben in den Tälern Schutz vor Lawinen und Muren gewähren und die Wasserläufe der Ebenen speisen. Melancholie brütet zwischen dem Geröll ausgetrockneter Flußbetten im Süden, Trauer um vor Jahrhunderten, Jahrtausenden zerstörtes Waldleben mit der Erinnerung an Kentauren aus dem bewaldeten Peliongebirge, an Dryaden, Quellnymphen oder an den römischen Gott Silvanus.
Es bleibt gleichgültig, ob Naturschutz sich ästhetisch, moralisch oder vom Nutzen für den Menschen her definiert. Die Gründe stimmen am Ende immer überein. Alte Bäume, sogenannte Überhälter, sind nützlich als Sturmbrecher, Schneeschutz, Bodenhalter und Samenträger für natürliche Verjüngung. Alte Bäume sind schön. Der Schwarzspecht, ein Insektenfresser, ist nützlich. Er kann seine Höhlen nur in altes Holz zimmern, älter als die forstlichen „Umtriebszeiten" der Bäume. Er verschwindet im Nutzwald. Sein Ruf ist fremd, geisterhaft. Er ist schön. Schwammspinner sind Waldschädlinge. Schlupfwespen gehören zu ihren Feinden, schieben mit dem Legebohrer ihre Eier in die Raupen des Schwammspinners. Doch brauchen sie Nebenwirte, etwa Lindenschwärmer und Goldafter. Deren Futterpflanzen sind Linde, Ulme, Erle, Eiche, Hasel sowie Rot- und Weißbuche. Das ist der Mischwald. Er ist schön.
Niemals ist der Mensch ganz umhingekommen, dem Wald, den Bäumen wie der gesamten Natur Schmerz

zuzufügen. Aber Ehrfurcht, Opfer und Fürsorge konnten ihn trotzdem immer wieder mit ihr aussöhnen und im Lot halten. Es hat noch unlängst alte Holzfäller im Böhmerwald gegeben, die nach dem Fällen besonderer Bäume den Hut abnahmen zu einem „O Herr, schenk ihm die ewige Ruhe".

„Abgehauen! Ich möchte toll werden . . .", klagt Goethes Werther in wildem Schmerz um einen alten Nußbaum. Wie gut wir das kennen! Nicht einmal uns Nachgeborene lassen Bäume gleichgültig, ja wir lieben sie mehr denn je. Kahles Gezweig, als Eichen- oder Birkengestalt, wie mit dem Kohlestift über den Abendhimmel gezeichnet, ist Inbegriff lebendiger Schönheit, spricht für sich, spricht uns an, ohne Warum. Die Frage fällt mit der Antwort in eins.

Im Baum ist den Menschen aller Kulturkreise der Ursprung gegenwärtig gewesen, der Stammbaum weist auf ihn zurück, der Richtbaum, Maibaum, Christbaum deuten ihn im Brauchtum noch an. Ein Feigenbaum im indischen Mahabharata bringt die ersten Menschen hervor. Der tibetische Weltenbaum, die Weide, ragt mit drei Wipfeln ins Götter-, ins Nixen- und ins Menschenland. Die Weltesche Yggdrasil der Edda beherbergt im Wipfel, der das Firmament stützt, den Adler der Weisheit, an ihren Wurzeln nagt der Drache Nidhögr. Das erste Menschenpaar, Ask und Embla, wurde von Odin aus der Esche und Ulme gerufen, und „Hoddmimirs Holz" heißt dort der Wald oder Baum, in dem das die Götterdämmerung überlebende Menschenpaar Zuflucht finden wird.

Doch hat noch um 1800 Novalis im Wald vor allem die wüste, öde, ungestaltete Natur gesehen, wo „alles wild, unordentlich und feindlich gewesen ist" („Heinrich von Ofterdingen"), ehe durch den Menschen Zähmung, Besserung, ja Moralisierung erfolgt („Die Lehrlinge zu-

Sais“). Im „Ofterdingen“ wird der furchtbare Thüringer Wald rasch von der Reisegesellschaft durchquert. Er ist noch der gefürchtete Wald der Erzzauberin, die Jorinde in eine Nachtigall verwandelt, wo Hexen und Menschenfresser ihr Unwesen treiben (Grimms Märchen). Doch sucht Heinrich von Ofterdingen dort auch die Blaue Blume. Bereits 20 Jahre zuvor, 1779, hatte Goethe an die Holzwand einer alten Berghütte auf dem Gickelhahn nahe Ilmenau „Wanderers Nachtlied“ geschrieben: Im „Über allen Gipfeln ist Ruh“ findet die wilde Natursehnsucht der Stürmer und Dränger, die sich, berauscht von Ossians Gesängen, der Wildnis in die Arme werfen wollten, ihren Frieden im sanften Abendhauch über den Wipfeln, in dem als beschwichtigender Hintergrund der Todeswunsch anklingt. Im selben Jahr schrieb Matthias Claudius das „Abendlied“ „Der Mond ist aufgegangen“ mit dem Vers „Der Wald steht schwarz und schweiget“, der auf Abendfrieden einstimmt, doch ohne Todesgedanken.
Die Motive Goethes kehren alle wörtlich wieder in Eichendorffs 1832 erstmals gedrucktem Gedicht „In der Fremde“:

„Aus der Heimat hinter den Blitzen rot
Da kommen die Wolken her,
Aber Vater und Mutter sind lange tot,
Es kennt mich dort keiner mehr.
Wie bald, wie bald kommt die stille Zeit,
Da ruhe ich auch, und über mir
Rauschet die schöne Waldeinsamkeit
Und keiner kennt mich auch hier.“

Eichendorffs zentrales Reimwort „Waldeinsamkeit“ ist eine Prägung des Novalis-Freundes Ludwig Tieck aus dem Jahre 1797 im „Blonden Eckbert“: „Waldeinsamkeit, / Wie bist du weit . . .“

Jagdmetaphern hingegen deuten in Lyrik wie Volkslied auf Lebenslust hin. Diese sehr deutsche Verbindung von Schwermut und Freude mit dem Wald stammt vor allem aus der Zeit der romantischen Dichtung.

Ein erstaunlich frühes, klarsehendes Zeugnis ökologischen Denkens kommt aus genau dieser Zeit, in der es um den deutschen Wald doch wirklich noch ziemlich gut gestanden sein muß. Ernst Moritz Arndt hat einige Jahre eine Kampfzeitschrift, „Der Wächter", redigiert. Schon 1815 streitet er darin für den Wald, beklagt unsere saturnische Zeit, die sich selbst verschlingt durch ihre „unglückliche Mehrmacherei", indem sie Einträglichkeit an die Stelle von Zuträglichkeit setzt und immer mehr Wald unter den Pflug nimmt (das war damals die Hauptsorge). Arndt kennt die Ehrfurcht der Menschen vor den Bäumen, diesen „freundlichen Boten zwischen Himmel und Erde, diesen geistigen Gesellen des Menschen auf Erden".

Nachdem Stifter den Wald zu einem idealen Friedensort stilisiert hatte, nimmt ihn die neuere Literatur immer genauer und vielfältiger in die Dichtung herein, bis hin zu den biologisch kenntnisreichen Metaphern bei Wilhelm Lehmann, Johannes Bobrowski, Oda Schäfer, Peter Huchel und anderen. Eine ganz andere Bedeutung gewinnt die Waldmetaphorik in der frühen Moderne, ausgehend von dem 1914 jung gestorbenen Georg Trakl. Nicht nur deutet Trakl die heiteren Jagdbilder um in Zeichen der Vergänglichkeit („Am Abend tönen die herbstlichen Wälder / Von tödlichen Waffen . . ." in „Grodek"). Vor allem wird der Wald nun zu einem inspirierten, dem Zuspruch des Geistes auf seinen Lichtungen offenen Gegenbereich zur vergitterten Menschenwelt. Wenn Trakl in „Hellbrunn" sagt „. . . So geistlich ergrünen / Die Eichen über den vergessenen Pfaden der Toten ...", so meint er hier wie anderswo weit mehr als nur Eichendorffs „Frommer Sagen Aufenthalt". Ihm wird der Wald zum Erkenntnisort, wo die Worte als erkennende Namen wiederzufinden sind, die unsere exakte Wissenschaftssprache verschüttet hat.

Ernst Jünger führt das in der Schrift „Waldgang" von 1950 aus, in der er den strengen alten Rechtsspruch, die härteste Strafe für den Verbrecher, umdeutet in ein freiwilliges Überwechseln aus der Unfreiheit moderner Zwänge von Totalitarismus und Automatismus: Im Waldgang überwindet der Dichter die Todesfurcht, löst sich von zeitlichen Sorgen, erlebt mythische Wiederbegegnung. Der Wald ist für Jünger „Schatzkammer des Seins". Das ist ein klarer Hinweis auf Martin Heidegger.

Dieser hat 1950 in der Aufsatzsammlung „Holzwege" den Weg des Denkens beschrieben als ein Unterwegssein auf Pfaden, die von der überlieferten Philosophie unbegangen sind, „zur Wahrheit als der Unverborgenheit des Seins".

Am entschiedendsten hat Paul Celan diesen Waldgang der Dichter angetreten; und er hat in seinem lebenslang ringenden Zwiegespräch mit der Wahrheit, mit der Sprache selbst, diese seinsphilosophische Waldgesinnung immer wieder beschworen:

„... Ein baum-
hoher Gedanke
greift sich den Lichtton: es sind
noch Lieder zu singen jenseits
der Menschen."

Celan spricht vom Emporwachsen des Denkens dem Licht entgegen, das Sprache schenkt („Fadensonnen" in „Atemwende"). Im Schatten der Pfingstrose, im Paeonienschatten geschieht es, daß das

„Denken die Pfingst-
schneise herabkommt, endlich . . ."

Denken ist hier ein pfingstlicher Sturm, der durch eine Waldschneise niederfährt. Mit Brausen und Feuer war die Taube gekommen, der Geist der Wahrheit mit dem Geschenk der Begeisterung, jener Ursprache, die jeder versteht. Dies verlangt äußerste Anstrengung des Dichters und ist doch gänzlich unerwartbar: Pfingstschneise. („Das Stundenglas" in „Atemwende".)

„Sensibel
ist die erde über den quellen: kein baum darf
gefällt, keine wurzel
gerodet werden . . ."

Viele Hinweise auf diese Art von Waldgang als geistige Umkehr, als Metanoia, finden sich bei Reiner Kunze, am gedrängtesten in seinem Gedicht „Tagebuchblatt 74":

„Das waldsein könnte stattfinden
mit mir

(Nicht mehr bedroht sein
von allen äxten

Eine wasserader
unter den wurzeln)".

In diesem und vielen ähnlich zu interpretierenden Gedichten lenkt dieser existentiell verstandene Waldgang keineswegs ab von dem, was Menschen einander antun, sondern ganz im Gegenteil: Im Anschauen der Bäume sind gerade von den Dichtern die Gegenkräfte gewonnen worden gegen das eingleisige Denken dieser zu Ende gehenden Epoche, das sowohl den Menschen wie die Natur zu vernichten droht.

Seit einigen Jahren klingen nun auch die ganz konkreten Klagen um den Wald aus den neuesten Gedichten. Als eindrucksvolles Beispiel sei Sarah Kirschs Gedicht „Bäume“ genannt:

„Früher sollen sie
Wälder gebildet haben und Vögel
Auch Libellen genannt kleine
Huhnähnliche Wesen die zu
Singen vermochten schauten herab.“

Bei Günter Kunert heißt es in „Wetterbericht“:

„. . . Nun schweigen
alle Wälder in Erwartung
der Wüste
die auf Reisen ging.“

Aber gerade der oft so pessimistische Kunert sieht in seinem kurzes Essay „Die letzten Indianer Europas“ die Dichter als „Eingeborene“, im morphologischen, archaischen Denken, Schauen und Sprechen noch beheimatet wie die Indianer Nordamerikas, deren Lieder, Gedichte, beschwörende Reden wir wieder mit neu erwachtem Verständnis lesen. Daß die Dichter nicht etwa in einem historisch frühen Zustand befangen sind, sondern Teilhaber einer zeitlosen Gegenwärtigkeit, kommt blitzhaft in einem neuen Gedicht Kunerts zum Ausdruck:

Überraschung

In einem Walde bei Hamburg
ertappte ich
die Ewigkeit in Form
einer eiligen lautlosen
Viertelstunde:

Eh ich sie begriff
sprang sie davon
durch das Unterholz. Nun
bin ich aufs Neue
ganz sterblich

Das ist wiederum Waldgang.
Die ersten Menschen haben vom verbotenen Baum der Erkenntnis von Gut und Böse gegessen, der mitten im ostwärts gelegenen Garten neben dem Baum des Lebens steht, und sie haben das Paradies verloren. Die Früchte vom Baum des Lebens waren indes nie verboten, denn von ihnen leben die Menschen. Wir allerdings bieten heute all unseren Erfindungsgeist auf, um uns im zweiten Sündenfall am Stamm dieses Lebensbaumes zu vergreifen. Doch wir werden ihn nicht fällen können, denn der Weg zu ihm ist, wie die Genesis sagt, von Cherubim mit bloßem hauendem Schwert bewacht.
Noch singt die Waldgrille im Donauries und an den Ostflanken der Vogesen. Noch ruft der Schwarzspecht an den gegenüberliegenden Hängen zwischen kränkelnden Fichten und letzten Tannen des Schwarzwaldes. Noch blühen die eigenartig schönen Waldorchideen, Frauenschuh genannt und Weißes oder Rotes Waldvögelein; es jubeln die Mönchsgrasmücken und Misteldrosseln, es zirpen leise die Goldhähnchen; es leuchten Fliegenpilze auf Moospolstern zwischen den Stämmen der Buchen, Eichen, Kiefern oder Linden, wo Rehe behutsam äugen und Füchse zielstrebig sind. Von der Flußaue bis ins Gebirge reicht der vielgestaltige Wald noch immer. Es ist nicht sehr lange her, da gab es statt seiner nur Schlamm, Geröll und Fels mit Flechten, Moos, einigen genügsamen Insekten, Reptilien, Vögeln. Der Wald als Geschenk der

Natur ist nicht unwiderruflich. Die Bäume, die in ihrem Saftstrom die Kräfte der Erde nach oben tragen, mit ihrem Laub das Licht des Himmels einfangen und ihm lebenslang entgegenwachsen, sind unsere geistigen Gesellen auf Erden. Wir begreifen dies heute auf eine noch nie dagewesene Weise. Das ist die Ankunft des Waldes. Darin liegt Hoffnung, für ihn und für uns.

Der Berg

Sechsunddreißig Mal und hundert Mal
hat der Maler jenen Berg geschrieben,
weggerissen, wieder hingetrieben
(sechsunddreißig Mal und hundert Mal)

zu dem unbegreiflichen Vulkane,
selig, voll Versuchung, ohne Rat, –
während der mit Umriß Angetane
seiner Herrlichkeit nicht Einhalt tat:

tausendmal aus allen Tagen tauchend,
Nächte ohne gleichen von sich ab
fallen lassend, alle wie zu knapp;
jedes Bild im Augenblick verbrauchend,
von Gestalt gesteigert zu Gestalt,
teilnahmslos und weit und ohne Meinung –,
um auf einmal wissend, wie Erscheinung,
sich zu heben hinter jedem Spalt.

Rainer Maria Rilke

Das Gleichnis der Gipfel

In einer Höhle des Untersberges, eingeschlafen am marmornen Tisch, sitzt Kaiser Barbarossa, um einst mit seiner Schar hervorzureiten und den zerstrittenen Menschen in höchster Not beizustehen. Das Kyffhäusermotiv klingt an. Eine ältere Sagenschicht erzählt von Kaiser Karl im Untersberg, und noch weiter zurück taucht Wotan auf, verdrängt von seinem Göttersitz droben, wo die beiden Gipfel der Ostwand heute noch „Hochthron“ heißen. Unterhalb an den Wassern des „Jungbrunnens“ trank Odin einst Verjüngung und zahlte dafür mit einem seiner Augen. Die Zeithorizonte verschwimmen hier, werden vieldeutig, bedrohen den einsamen Wanderer. Jahrhunderte haben sich als Sagen abgelagert. Die Menschen im Tal erzählen sich nun Geschichten vom Jäger, Bauern oder vom Brautpaar, die dem Kaiser begegnen und reich beschenkt oder verstört und völlig fremd vom Berg zurückkehren, weil ihnen 100 Jahre wie ein Tag verflogen sind. Solche Geschichten sind wie „Aufschlüsse“, in denen die Sagenschichten zutage treten.

„Aufschlüsse“ nennt der Geologe besondere Stellen, etwa Steinbrüche, Durchstiche, Felsabbrüche, wo die Schichten des Gesteins sichtbar werden. Viel Zeit ruht im Gebirge, Menschenzeit, Erdzeit. Als Ruhe allerdings erscheint sie nur unserem flüchtigen Blick, denn wie die Menschheitsgeschichte ist auch die Erdgeschichte nicht abgeschlossen. Nicht nur in vulkanischen Gebieten geht das Drama weiter, auch tektonische Bewegungen setzen sich fort, noch immer steigen die Alpen, sinken Ebenen und Meere oder heben sich wieder. Der Untersberg zwischen Reichenhall und Berchtesgaden ist wie alle Kalkgebirge versteinertes Gedächtnis an ehemaliges Meer, einst die Tethys: zunächst ein warmes Kreidemeer, aus dessen Ablagerungen hier der rotgeäderte bayrische „Marmor" der Schlösser und Kirchen entstanden ist; danach ein tertiäres Meer mit Nummuliten (große schalenbildende Einzeller); der Untersberg ist auch Gedächtnis an spätere geologische Vorgänge, während deren Kalzium halb durch Magnesium ersetzt und so der Dolomit gebildet worden ist. Der ganze Untersberg mit Dachsteinkalk, Ramsaukalk und anderen Schichten ist von Süden her auf Buntsandstein und Muschelkalk geschoben, ruht also nicht auf seinem eigenen „gewachsenen" Fundament. Bei der Gebirgsaufschichtung kommt es häufig zu liegenden (gewissermaßen umgekippten) und dann noch weitergeschobenen Falten, sogenannten Deckenüberschiebungen, so daß am Ende auch ältere Schichten über jüngere zu liegen kommen und ganze Gebirgsstöcke weit weg von ihrem ursprünglichen Grund ruhen können. Solche und andere sehr komplizierte geologische Vorgänge bestimmen das Bild der Alpen. Sie sind ein „junges" Gebirge nach heutiger Vorstellung. Durch deckentektonische Bewegungen der gegeneinanderdrückenden afrikanischen und der europäischen Kontinentalplatte wurden in der Kreidezeit, vor allem aber im Tertiär von der absinkenden Poebene her die Gesteinspakete gegeneinandergeschoben, gedrückt, gefaltet auf die älteren Urgebirge Schwarzwald und Bayerischer Wald zu, zwischen denen sie sich in die schwäbisch-bayerische Ebene vordrängen konnten.

Mannigfache Zeitbewegungen sind im Gedächtnis der Alpen aufbewahrt: Jahrmillionen stillen Absinkens von Schwebestoffen, Tiergehäusen, Sand im Meer, ein Ablagern mächtiger Schichten; Jahrmillionen des Schiebens, Hebens und Faltens auf bis zu 6000 Meter Höhe; Jahrmillionen des Abtragens durch das Wasser.

Es entstehen Höhlen und deren Einbrüche (Dolinen), Geröllhalden, Moränenschutt der Gletscher, Flußbetten. Das Wasser greift eissprengend, tropfend und auflösend, niederreißend oder schiebend auf vielerlei Weise an, Sturm kommt hinzu sowie die behutsame, zugleich auch wieder schützende biologische Verwitterung; alles ist in langsamer oder auch dramatischer Bewegung begriffen. Das Donnern der Lawinen, das Poltern stürzender Steine, das Klingeln, Tropfen, Rauschen der Wasser hält an.

Die Sage weiß von Göttern, die Kegel spielen, von Riesen, die etwa im norwegischen Jötunheimen hausen und mit Felsen werfen. Der Gott Thor heißt im Hymirlied „Felsenvolks Feind". Er und andere Asengötter besiegen die Riesen des Chaos und bauen Mitgart, die liebliche Welt. Skadir, die Felsriesentocher, kann sich als Gattin von Njörd nicht am Meer eingewöhnen, wo die Seevögel kreischen, und strebt in ihre prächtige Gebirgsheimat Thrymheim zurück.

Die Geologen können uns die im Laufe der Zeit wirkenden Kräfte der Natur, Vulkane, Wasser, tektonische Bewegungen, beschreiben. Aber Untersberg, Matterhorn, Schlern haben noch anderes, fast verschollenes Wissen bewahrt von den gestaltschaffenden Mächten selbst. Ältere Zeiten, die ihre Lehre vom Sinai, vom Olymp oder Parnaß empfangen hatten, wußten mehr davon. Nur Erwählte wie Mose oder Elija konnten es wagen, auf den Berg Horeb zu steigen, wo im Gewölk Jahwe war, furchtbar auch für seine Lieblinge; und auf dem Berg Tabor wurden keine Hütten gebaut. Solche Stimme duldete weder Annäherung noch Bleibe.

Jahrtausende vergingen, ehe Menschen auf den Gedanken kamen, ins Hochgebirge zu gehen. Höchstens die Pässe waren bekannt, auf denen man die riesigen Barrieren überwinden konnte, die das erstarkende römische Reich im fernen Norden begrenzten. Aber schon frühen Kelten war es gelungen, beiderseits der Alpen zu siedeln, die Etrusker und sogar die Römer zu bedrohen. Hannibals Alpenüberquerung 218 v. Chr. am Col du Clapier beim Mont Cenis (andere vermuteten den Kleinen St. Bernhard) war so unwahrscheinlich, daß dieses in 14 Tagen bewältigte Riesenunternehmen, bei dem allerdings nur die Hälfte der rund 60 000 Soldaten Oberitalien erreichte, die Römer überrumpelte. 100 Jahre später benutzten die Cimbern und Teutonen Rhônetal und Brenner für ihren Weg in den Süden. Dann bauten die Römer am Großen St. Bernhard, am Simplon oder über den Ritten ihre Paßstraßen.

Berge bestimmten die Wege der Heere, Händler und Pilger, bestimmten auch das Leben und Überleben von Völkern, Sprachen, Bräuchen. So hielten sich z. B. noch bis zur Eroberung durch Drusus und Tiberius 15 v. Chr. die lange zuvor aus der Poebene zurückgedrängten etruskischen Isarker unabhängig im Eisaktal. Die ladinische Sprache, die bis heute unter den Dolomiten, im Grödner- und Fassatal gesprochen wird, ist eine alte westromanische Sprache, die von ursprünglich rätischen, zur etruskisch-illyrischen Gruppe gehörenden Stämmen in dieser abgelegenen Region entwickelt und bewahrt worden ist. Und nirgends gibt es so vielfältige Trachten, Tänze, Lieder und Sagen wie in den von hohen Bergen eingeschlossenen Alpentälern.

Die Gipfel blieben entrückt, abweisend, unheimlich. Dante stieg auf einen Berg, nämlich auf den Bismantova bei Reggio, dem Modell seines Läuterungsberges, den er mit großem Raum- und Formsinn anschaulich macht. Ein berühmtes Ereignis ist kurz darauf die Besteigung des Mont Ventoux in der Provence durch Petrarca mit seinem Bruder im Jahre 1336. Ihn trieb „Begierde, die ungewöhnliche Höhe dieses Fleckes

Erde durch Augenschein kennenzulernen". Er plagt sich sehr mit dem als Läuterung erlebten Anstieg, läßt droben zunächst sein Auge beglückt nach Italien, Gallien, Spanien schweifen, um dann in der Überwältigung des Gemüts eine Erfahrung des Augustinus zu bestätigen: Die Seele bestaune die Gipfel der Berge, habe aber nicht acht ihrer selbst. Die Wanderung wird zum Gleichnis. Der Berg scheint ihm nach dem schweigenden Abstieg kaum die Höhe einer Elle zu haben gegenüber der Höhe menschlicher Betrachtung. Petrarca will nun die Bergkuppe der Überhebung unter die Füße treten. Im 15. Jahrhundert schildert Enea Silvio Piccolomini voller Entzücken die Aussicht vom Monte Cavo im Albanergebirge nach Westen zum Meer hin und über die Berge rundum. Als Papst ließ er sich in der Sänfte ins Gebirge tragen.

Leonardo da Vinci steigt bereits als Botaniker, Mineraloge und Topograph ins Gebirge.

Die neue Zeit geht an die Berge wissenschaftlich heran. Doch noch bis ins 18. Jahrhundert bleiben es wenige Einzelgänger. Albrecht von Haller betreibt Gletscherstudien und veröffentlicht 1732 sein Gedicht „Die Alpen", das wohl vor allem zum idealisierenden Sittengemälde eines asketisch rein und fröhlich gedachten Lebens der Bergbauern wird, das aber auch die Schönheit der Berglandschaft preist. Der junge Goethe notiert zwar noch im Juni 1775 auf dem Anstieg zum St. Gotthard „Schnee, nackter Fels und Moos und Sturmwind und Wolken. Öde wie im Thale des Todts". Aber nun erwacht allgemeine Bewunderung der Berge.

Im 19. Jahrhundert kommt die „Eroberung" der Alpengipfel in Gang. Es gibt nun berühmte Namen: Saussure, Erzherzog Johann, Hermann von Barth, Douglas, Whymper, Thurwieser, Innerkofler, Purtscheller. Aus Jägern und Hirten werden Bergführer.

Fremde kommen von weither. Heimatliebe, Forscherdrang, Ehrgeiz, Abenteuerlust treiben sie zu den Gipfeln. 1865 glückt den Engländern zusammen mit Einheimischen die „Bezwingung“ des Matterhorns. Man feiert trotz des tragisch verlaufenen Abstiegs einen „letzten Sieg“ über einen Alpenriesen. Worin eigentlich besteht dieser Sieg? Auf einem Stück unbetretener Erde zu stehen? Einen Berg zu vermessen? Einem Gipfel sein Geheimnis zu entreißen? Oder vielmehr festzustellen, daß er keines besessen hatte? Bezwingt man den Berg wie einen Feind? Wie Götter die Titanen? Hier schwingt insgeheim etwas vom Abenteuer erotischer Überwindung mit, von männlicher Selbstbestätigung. Der Homo faber zwingt die Bergwelt unter seine Nagelstiefel. Von nun an wird im Felsen das Metall von Pickel und Haken klirren.

Aber auch asketische Überwindung und romantische Suche sind bis heute lebendig geblieben. Ein junger Nachfahre des Erzherzogs Johann, so bergbegeistert wie dieser im Gasteinertal verwurzelt, hat es kürzlich in einer Studentenzeitung formuliert: Bergsteigen ist geistiger und körperlicher Aufbruch aus der Trägheit des Lebens in den Niederungen bequemen Alltags, es ist Steigerung der Lebensfreude sowie heilende Erkenntnis der eigenen Kleinheit und gleichzeitig der eigenen Geborgenheit in der Schöpfung.

Im 20. Jahrhundert folgen Winter- und Einzelbesteigungen und dann noch „Siege“ über die letzten Riesen des Himalaya. Ein später Romantiker unter den Einzelgängern ist Reinhold Messner, der in sich selber vergeblich nach einer Deutung seiner Gipfelsehnsucht forscht. Nicht nur weil der Mount Everest da ist, nicht nur, um auf dem höchsten Gipfel der Erde zu stehen oder weil er diesen vermessen und erforschen, auf ihm eine Fahne aufpflanzen will, treibt es ihn hinauf; es ist auch der Wunsch im Spiel, sich selber das höchste Maß zu setzten, es ist Lebenslust und Freude an der Landschaft, die in der Begegnung mit dem Menschen erst ganz lebendig wird. Aber am Ende wird Messner dieser Alleingang als Vorstoß ins Unbekannte wieder zum Rätsel. Der Berg entzieht sich von neuem, behält sein Geheimnis.

„Auch an Tagen da
Regendunst den Berg verhüllt,
bleibt er wunderschön",

so lautet ein Haiku aus dem 17. Jahrhundert, „Der Fuji-Berg im Regen". Die Schönheit der Bergwelt wird in Europa erst im 19. Jahrhundert allgemein entdeckt. C. D. Friedrichs eigenartig symbolisch entworfener „Morgen im Riesengebirge" (1810) und sein menschenleerer, melancholische Einsamkeit auftürmender „Watzmann" (1824) stießen auf Unverständnis in der Kunstwelt. Friedrichs Gebirge ist streng, feindlich, weist den Menschen aus der Natur aus.

Bald aber wächst Natursehnsucht und aus ihr Begeisterung. Alpenvereine entstehen, bauen Wege, errichten Schutzhütten, sorgen für Bergrettung. Das fortschrittsgläubige 19. Jahrhundert, in dem Maße wie Städte und Industrien sich ausbreiten, zunehmend von Natur- und Heimatsehnsucht erfüllt, findet im Gebirge sein Orplied, seine erträumte Landschaft, eine Welt, in die man sich zurückziehen kann, um sich zu erneuern. Die Berge rücken heran, aber ihr altes Geheimnis behalten sie für sich. Als letzte Gabe spenden sie noch eine Weile Erholung für die überanstrengten Menschen.

„Auf den Bergen wohnt die Freiheit, auf den Bergen ist es schön", so beginnt das unfreiwillig komische „König-Ludwigs-Lied". Zugspitz und Waxenstein werden auf bayrisch besungen, die Sennerin, der Wilderer Jennewein beflügeln die Phantasie. Das Gebirge gehörte allen, war letztes unverteiltes Land. Dort stießen daher auch exklusive Jagdrechte der Obrigkeit auf den erbittertsten Widerstand. Von immer weiter her kommen die Menschen und suchen nach der Mühe des Aufstiegs Gipfelglück, klares Licht, droben, wo man weniger Schlaf braucht, freier atmet und in der Einsamkeit zu sich selber zu finden hofft.

So ist es für eine Weile gewesen, keine 100 Jahre. Ein Vorbote des Unheils ist das Jahr 1936, die Erschließung des Garmischer Tals durch die Olympiastraße, der Bau vieler Bergbahnen. Mit dem Massentourismus der letzten zwanzig Jahre, dem Skisport vor allem, hat der Ausverkauf der Alpen seinen unseligen Lauf genommen. Liftschneisen, Pisten, brutal in sensible Berghänge geschnittene Straßen, riskante Rodungen an ohnedies gefährdeten Hängen, zu viele Hotels, ja sogar zu viel Rotwild und jetzt auch noch das Waldsterben bedrohen ihr lebendiges Kleid. Ungehemmte Lawinen, Muren, Erosionen beginnen es zu zerstören. Karst wäre das Ende der nacheiszeitlichen Entwicklung. Vor allem aber wird die Würde der Berge vernichtet. Ihre Erschließung ist ja ein Widerspruch in sich. Denn wer mühefrei oben anlangt, wird wenig vom Gipfel erfahren. Das weite Panorama, schön bis dorthinaus, entlockt der Menge höchstens ein beflissenes „Ah", ehe sie die unermüdeten und leergebliebenen Augen schließt, um das Gesicht zu bräunen. Ist dieser dürftige Lohn den Preis der Vernichtung unserer letzten Urlandschaft wert?

Heute begleiten den Winter- und Sommeralpinisten aus Lautsprechern die neuesten Schlager bis über die Baumgrenze, Cola-Dosen und Plastiktüten halten ihm die Treue. Ganz oben trifft er auf die schmausenden

Seilschaften derer, die sitzend emporgeschwebt sind. Schneefink und Alpendohle haben sich auf Touristenproviant umgestellt. Die Gipfel bleiben abgewandt. Bei schlechtem Wetter mögen sie etwas von ihrer Rätselhaftigkeit zurückgewinnen. Weniger berühmte Regionen bewahren ihren Zauber, werden aber auch rasch bekannt und ihrer Schönheit entkleidet. Dem alles verbrauchenden fortschrittlichen Menschen verdirbt seine Sehnsucht zur Berührungssucht, und er begegnet überall nur noch sich selber. Das uneingeschränkte Begehungsrecht der Wälder, Ufer und Berge beschleunigt nun ihren Untergang. Unsere Askese müßte sich daher heute auf die Wildnis erstrecken, insbesondere auf die der Alpen. Das heißt vor allem, keine weiteren Bergbahnen mehr bauen, aber auch sich mit den bezeichneten Wanderwegen begnügen und manche Gegenden sein lassen, was sie sind: Einsamkeit. Die wirklich bergbegeisterten Wanderer und Kletterer verhalten sich vermutlich angemessen und rücksichtsvoll; und es gibt wohl auch gar nicht so viele davon, daß sie die Bergnatur schädigen. Wer die Mühe des Aufstiegs scheut, könnte ja schließlich auch unten bleiben, kann sich jedenfalls mit schon vorhandenen Bergbahnen begnügen.

Die Schönheit des Hochgebirges kann einem den Atem nehmen, auch dann, wenn man sie nicht allein erlebt. „Die Feierlichen, / Die göttlichgebauten Paläste“ nennt Hölderlin in „Patmos“ die Berge, wie sie „gehäuft sind rings / Die Gipfel der Zeit . . .“. Noch heute empfinden manche Bergsteiger dies Entrückte der Gipfel. Viele Sagen berichten von Sterblichen, die ihren Aufenthalt droben in der Fülle göttlichen Bereiches mit ihrer zu knapp bemessenen Lebenszeit bezahlen: Bei der Rückkehr sind sie uralt.

Sogar dem wissenschaftlichen Blick erschließt sich etwas von diesen „Gipfeln der Zeit“. Geologische

Epochen erscheinen im Fels: absinkende Meereszeit, auffaltende tektonische und still oder hochdramatisch abtragende Zeit, die an den Flußmündungen wieder in ruhige Meereszeit zurücksinkt. Der Aufstieg zur Höhe ist auch zeitlicher Gegenweg von den späten, nacheiszeitlichen Wäldern und Seen empor in offen zutage tretende Erdvergangenheit und älteres Leben unter extremen Bedingungen. Zudem ist der Aufstieg ein Rückweg in der Jahreszeit, etwa von sommerlichen Waldwiesen mit Glockenblumen über Kirschblüten (Mai), Primeln (April), Soldanellen (März), über klingelnde Schmelzwässer hin zu winterlichem Gletscher, der keine Jahreszeit zu kennen scheint.
Weit hinauf reicht die Fauna. Gemsen sind fähig, normale Winter über der Baumgrenze zu überstehen. Auf Almwiesen ertönen im Sommer die Pfiffe lebhafter Murmeltiere. Es gibt große, auf Berggrassamen eingestellte Schneemäuse. Schneehühner bleiben das ganze Jahr droben. Manchmal läuft noch in 3000 Metern ein schwarzer Alpensalamander durchs Geröll, flache, zehnpfenniggroße Felsenschnecken sind auf Flechten spezialisiert; bestimmte Flechten sind auf den Kot der Alpendohlen angewiesen. Eines der schönsten Gebirgsgeschöpfe ist der Apollofalter. Die seltenen Biesoder Dasselfliegen, auf Haarwild schmarotzend, treffen sich wild schwirrend an hohen Graten und Gipfeln zur Paarung. Wenn ein Adlerpaar im Girlandenflug seine Balz in den Himmel zeichnet, ist das Jahr seinem Höhepunkt nahe.
Oben im Kargen, wo die Hoffnung auf Wald endet, die letzten zerzausten Wetterbäume verdorren, auch die Krummhölzer, Latschen, Alpenrosen zurückgeblieben sind, wenn Natur und Wanderer die äußerste Entbehrung gemeinsam geleistet haben, beginnt das Leben noch einmal neu und zum Entzücken schön.

Farben flammen auf — ein Gelb ohnegleichen in der Aurikel, dem Gams- oder Stoanbleaml, tiefes Rosa am Steinröschen, einem stark duftenden Seidelbast, den das Volk zum Almrausch, den Rhododendren, zählt; das Weiß der Silberwurz (Dryas) scheint wie von innen zu strahlen; am Blau mancher Enzianarten versagt die beschreibende Sprache. Sie hat statt dessen Namen gefunden, die etwas mitklingen lassen von der Farbsteigerung in der Höhe. Die Sprache läutet in Soldanella und Pulsatilla, bekräftigt Zuversicht in Steinbrech und Mannsschild, scheint aufzubrausen im Ehrenpreis und im Himmelsherold, der bis über 3000 Meter auf Graten und in Spalten ein nochmals eigenes, hellblitzendes Blau in den klaren kalten Gipfelraum wirft. Etwas wirkt noch immer droben, weit über die Erfahrung der letzten Möglichkeit von Überleben hinaus: ein Fest an den Quellen der Zeit. Die Blumen gestalten es, indem sie nicht etwa karg, ärmlich und sparsam ihr Leben am Rande des mindesten an Wärme und Boden, des äußersten an Ausgesetztheit, Sturm, Schneetreiben und Trockenheit fristen, sondern Farbe und Gestalt verschwenden. Die intensive Strahlung steigere die Farben, sagt man. Erklärt das aber jenes Blau, Gelb oder Rosa? Die Pflanzen, so sagt man auch, entwickeln nützliche Organe, Pfahlwurzeln, Wurzelnetze im Geröll, Rosetten-, Polster-, Spalierformen der Äste, kleinen Wuchs, Blatthaare, Mehrjährigkeit als Anpassungen ans Dürftige und Extreme dieser Umwelt. Doch was besagt dies schon? Ist nicht der Gletscherhahnenfuß wiederum überhaupt nicht angepaßt, hat große, eher langstielige, locker sitzende Blüten und steigt doch am weitesten von allen bis über 4000 Meter in den Schutt der Gletscherzone, um dort weiß oder tiefrosa schön zu sein, wo sonst nur noch Flechten die Felsen überziehen, mit ihren gelbgrün oder orange

leuchtenden Krusten wiederum Lebensgestalt in hoher Steigerung.
Unter den Schroffen des Peitlerkofel, der Geißlerspitzen oder auf dem flachen Rücken des Schlern, wo verkohlte Knochenfunde auf uralte, vielleicht illyrische Opferriten hinweisen, breitet sich in unerschöpflicher Vielfalt mit manchen nur hier gedeihenden Pflanzenarten unter südlichem Licht die Dolomitenflora aus. Hinter dem Schlern im Süden liegt der berühmte Rosengarten mit Rotwand, Vajolettürmen und Rosengartenspitze, ein zackiges Massiv von besonderer Ausdruckskraft. „Gartl" heißt ein Zugang zur Laurinswand. Dort wohnen viele Sagen von den „Venedigern", kleinen Bergleuten und vom König Laurin, der den Rosengarten pflanzte und hegte.
Solche Pracht von Felsen, Blumen und Licht konnte nach dem Glauben der Bergbewohner nur ein mächtiger Berggott geschaffen haben, der hier besonders in der Gestalt des zwergenhaften, gefährlich mächtigen, aber auch guten Königs weiterlebt. Hier ist die auch anderswo, zum Beispiel in Zermatt, bekannte Sage vom verlorenen Tal zu Hause, einem paradiesischen Hochtal, lieblich, voller Blumen und Früchte in immerwährendem Frühling zwischen ewigem Eis. „Garten", „Himmelsboden", „Paradies" tauchen als ältere Flur- oder Sagennamen mehrfach auf. Laurin hat seinen Rosengarten dem Zugriff der zerstörerischen Menschen entzogen für alle Tage und Nächte. Am Tag sind nun die Schroffen grau, in der Nacht so bleich („lis montes palyes" auf ladinisch), daß eine eigene Sage diese Blässe mit dem Mondlicht in Verbindung bringt. Doch soll Laurin den Abend vergessen haben. Da strahlt nun im letzten Licht der Berg rötlich wie voller blühender Rosen und so stark, daß es allein mit der Vergeßlichkeit eines Bergsteigers eigentlich sein Be-

wenden nicht haben kann. Hier leuchtet etwas von der Innenseite der Landschaft ins erkennende Auge des hinaufstaunenden Menschen, was ihm in den Beschreibungen der Geologen, Biologen oder Sagenforscher zwar deutlicher geworden sein mag, was ihm aber doch erst jenseits solcher Aufklärungen begegnen kann, wiederum als Geheimnis.

„Der mit Umriß Angetane" heißt es vom Berg bei Rilke. Seine Kontur ist aus dem Himmel geschnittene Gestalt in der Zeit, flimmernd unter der Höhenstrahlung, die über Schneebändern und Felszacken spielt. Dieses in der Gestalt Offenbare und zugleich Verhüllte kann auch die vorerst letzte geologische Schicht, die Ablagerung von Touristenproviant, scharrenden Füßen und klickenden Kameras nicht ganz zuschütten. Um seinetwillen sind bis unlängst die Menschen nicht auf die Gipfel gestiegen. Um seinetwillen drängen sie heute gerade auf den letzten noch unerschlossenen Berg, offenbar weil es in der Ebene so selten geworden ist. Doch verbirgt sich das Ziel derartiger Suche meist beharrlich. Vielleicht, weil es anderswo, mehr in der Nähe, wartet und weil es dem angehört, was man längst schon hätte wissen können. Man ist ihm droben, am Fuß des aufgepflanzten Gipfelkreuzes heute vielleicht sogar weniger nah, als wenn man dieses Kreuz hinter einer Wolkenfahne nur gerade noch von fern erkennt.

Der Dolomitenbergsteiger wandert tagelang durch graues Geröll, das ihm die Füße zerschindet. Erst vom Tal aus wird die Laurinswand in der sinkenden Sonne zum Rosengarten.

Flugspiele

Als ich eintauchte,
Tief eintauchte
In des Blauen Ordnungen,
War die Freude leer geworden,
Der Atem leicht geworden,
Und das Schauen
Hatte Flügel bekommen.

In der bildlosen, blickleeren
Weite der Vogelzüge
War ich mir selbst genommen.
In der genauen
Ordnung des Blauen
Flog ich Lichtflüge.

Da war kein Unten mehr,
War kein Oben,
Waren weder Raum noch Dinge.
Die Zeit war zerstoben,
Und ich fiel mit der Schwinge
Singend durch die singenden
Blauen Ringe.

Friedrich Georg Jünger

Leben in der Luft

Sonnentage über Kathedralen gleiten auf langen Schwingen von Mauerseglern in den Abend. Noch in den Nachthimmel ziehen die scharfen Vogelschreie Spuren; in die Barockserenaden der sommerlichen Abendkonzerte im Brunnenhof der Münchner Residenz mischen sie sich als grelle Oberstimme herrischer Reiseungeduld. Mauersegler, auch Gerschwalben, Münsterspyren oder Bergspiele genannt, nächtigen oft in der Luft und klammern sich mit ihren winzig scharfkralligen, zum Laufen wenig tauglichen Füßen nur ans Mauerwerk, um ihre Jungen zu atzen. Kein echtes Segeln ist ihr Flug, sondern ein kraftvolles Flattern und Gleiten. Sie verbringen bei uns bloß die hellsten Sommerwochen, um schon im August nach dem südlichen Afrika aufzubrechen. Fast ledig scheinen sie der Erde, ihrer Schwerkraft zu sein: Sie paaren sich sogar im Flug. Ihr Leben spielt ganz in der über warmem Felsen und Gemäuer von Insekten erfüllten Luft.

Auch diese Luft ist Lebensraum und Landschaft. Viele Menschen merken das erst, seit bedrohliche Anzeichen einer Umwelterkrankung der Atmosphäre sich mehren. Noch kürzlich glaubten die Verantwortlichen ernsthaft, durch höhere Schornsteine seien die Sorgen mit dem flüchtigen Müll, den Gasen und Partikeln aus Industrieschloten und Hauskaminen nicht nur verschoben, sondern behoben. Dieser Leichtsinn, mit dem wir in einer ausdrücklich für endlich und berechenbar erklärten Welt ständig kindlich-vertrauensvoll an die Unendlichkeit der Umwelt glaubten, fordert nun immer unerbittlicher seinen Preis. Die Wälder siechen derzeit im Gift der Luft und der Niederschläge dahin.

Die Luft als vielfältige eigenartige Landschaft tritt am deutlichsten im Wetter in Erscheinung. Dramatische Wolkenlandschaften fesseln unser Auge, insbesondere hochgetürmte Cumuli über aufwirbelnder Warmluft an Sommertagen. Gewitterwände ziehen finster drohend auf. Hohe Cirruswolken, von Eisnadeln gebildet, verheißen Regenwetter, zumal wenn sie als feine Schleier die Sonne mit einem „Halo", einem weißen Ring umgeben.

Das Wetter hat großen Einfluß auf uns. Morgen- und Abendröte oder klarer Sternenhimmel, sagt man, schenken tiefere Gedanken; Himmelsblau stimmt das Gemüt heiter, düstere Regenwolken, sogenannte Nimbo-Stratus, drücken es nieder. Die durchbrechende Abendsonne, Wolkenränder vergoldend, strahlt wie Hoffnungsvision. Starke Gemütswirkung üben auch die Winde aus. Jeder kennt das plötzliche Umspringen der Jahreszeit am Winterende, wenn manchmal innerhalb von Minuten eine kaum meßbare milde Strömung alles verändert, mit dem Duft von Erde und Feuchtem neues Wachstum und Zuversicht bringt. Staunend sehen wir im Föhn, dem trocken vom Gebirge herabkommenden Fallwind, die Herbstwälder aufflammen, ehe Stürme im Laub wühlen, es loszerren und über Land treiben.

Winde gehen auf Druckunterschiede der Luft zurück und diese auf Temperaturunterschiede. Weltweit gesehen gleichen sich Äquatorhitze und kühlere Luft der gemäßigten Zone in bestimmten, von den Corioliskräften der Erdrotation mitbedingten Passatwinden aus. Auf beiden Hemisphären werden die von den Polen in Richtung Äquator wehenden Winde nach Westen abgelenkt, der west-östlichen Drehrichtung der Erde entgegen. Die jahreszeitlichen Monsune zwischen Kontinenten und Meeren sind ein anderes Grundsystem der

Winde: Das rascher erwärmte Festland, über dem die leichtere Warmluft aufsteigt, wird im Sommer von nachfließender Meeresluft überweht, im Winter entsendet es kontinentale Kaltwinde zu den dann wärmeren Ozeanen. Die Kontinente atmen sozusagen ein und aus. Ähnliches ereignet sich zwischen Tag und Nacht: See- und Landwinde wechseln an den Küsten ab, Tal- bzw. Bergwinde im Gebirge. Eine Wetterwende kann man am Ausbleiben nächtlicher Bergwinde, etwa des „Höllentalers“ bei Freiburg voraussagen. Vom Meer zur Küste hin oder an Gebirgen entstehen Aufwinde, deren Feuchtigkeit in kühlerer Höhe kondensiert, so daß sich Wolken bilden. Die Luft schäumt am Hindernis gleichsam auf wie gischtendes Wasser in der Brandung.

Von dem begeisterten Flieger, Philosophen und Prosaschriftsteller Friedrich Wilhelm Korff gibt es einen faszinierenden Text „Über Luft“ (F. W. Korff: „Drachentanz“, München 1981). Darin wird auf eine nur vom nichtmotorisierten Flieger in dieser Art wahrnehmbare Weise die Dramatik einer „Windlandschaft“ in erstaunlichen Bildern beschrieben, die präzise Wirklichkeit wiedergeben: Wirbel wie Lufttrompeten, die das Wirbelende wie den Schwanz einer Katze über den Boden peitschen; kegelförmige Wirbelströme, die sich hinter jedem Hochhaus öffnen; Warmluftglocken in der Ebene, die sich vom Fladen zur Kugel häufen und schließlich als Blase aufsteigen, einen rechtsdrehenden Strudel unter sich hochziehend.

Auf Luftdruck reagieren Körper und Seele sehr fein, nicht nur die „kränklichen Naturen“, von denen Goethe in seinem Fragment „Versuch einer Witterungslehre“ 1825 schreibt, bloß sie seien fähig, „gewahr zu werden ... diejenigen atmosphärischen Veränderungen, die uns das Barometer anzeigt“.

Bis zur Stratosphäre hinauf ist die Luft vom Wetter beeinflußt. Im erdnäheren Bereich ist sie belebt und ein Kosmos von Wesen, die rascher, leichter, heiterer zu existieren scheinen als wir übrigen Erdengeschöpfe. Vom Vorfrühling an, wenn die Hasel stäubt, schweben Pollen bis in große Höhe, Allergikern beschwerlich fühlbar. Fichten-, Buchen- oder Gräserblüte sind dem Wind anvertraut, verschwenderisch und voller Zuversicht in unplanbares Gelingen. Farne, Moose, Pilze als alte einfache Gewächse schicken Sporen in die Luft, Blütenpflanzen entsenden ihre Samen. Schwebeleichter Löwenzahn, später Distelflocken oder wollige Pappelsämlinge fliegen weit im Wind; Fallschirmchen von Ahorn oder Linde trudeln nur ein kurzes Stück. Verschiedenste Fluggeräte besorgen die Verbreitung von Pflanzen.

Für viele Tiere ist die Luft Medium ihrer Bewegung, zuweilen beinahe Heimat. Soweit es die weltweit versprühten Gifte noch zulassen, segeln, schwirren, gaukeln in unendlicher Vielfalt Insekten. Das auf Wind angewiesene Schweben nutzen manche Larven zu ihrer Verbreitung, etwa die Reblaus oder die Eiräupchen der Nonne, eines gefürchteten Waldschmetterlings, die bis 70 Meter hinauf zum Wipfel kriechen, sich dort abseilen, um mittels besonderer Sinnesorgane für Windgeschwindigkeit und langer Schwebehaare sich im rechten Augenblick forttragen zu lassen. Obwohl Libellen oder manche Schwärmer sehr rasch fliegen können, gelangen weitfliegende, gar wandernde Insekten doch nur mit Hilfe der Winde und regelmäßiger Luftströmungen ans Ziel. So ist der von Kanada nach Mexiko ziehende Monarchfalter auf den sogenannten „Northerner“ angewiesen; Wanderheuschrecken kommen und gehen mit den jahreszeitlichen Winden der Sahararegion.

Auch die im Gegensatz zu den Insekten niemals fliegenden Spinnen haben das Schweben erfunden: Viele Jungspinnen und einige Netzspinnen-Männchen lassen einen Faden in den Wind treiben, verlängern ihn, bis das kleine Luftfloß trägt, und segeln dann oft weit dahin. Diese Fäden des „Altweibersommers", auch Marienseide genannt, glitzern im durchsichtigen Licht des Septemberhimmels und steigern es noch einmal, ehe die Dunkelheit wächst und Nebel das Land verschleiern.
Für viele Insekten ist die Luft Spiel- und Hochzeitsraum. Schon im Januar, wenn die Meisen rufen, tanzen vor sonnigen Mauern als zarte Frühlingsahnung zuweilen kleine Reigen von Wintermücken. An windstillen Sommertagen treffen sich über erhöhten Punkten oft so große Schwärme tanzender Zuckmücken, daß sie von Ferne wie Rauchschwaden aussehen. Bienen und Ameisen brechen in riesigen Schwärmen mit ihren Königinnen auf. Einmal im Donauries soll deshalb die Schmähinger Feuerwehr ausgerückt sein, weil man glaubte, der in einen Hochzeitsflug von Ameisen gehüllte Kirchturm qualme.
Im Gaukeln der Schmetterlinge, im verharrenden Schwirren der Schwebfliegen, im wilden Schnellflug und plötzlichen Stehen der Libellen drückt sich aber offenbar mehr aus als nur Ortswechsel, Jagd oder Paarung: Vor allem anderen ist hier zweckfreies Sichzeigen im Spiel. Schwebendes Lebendigsein in freier Übereinstimmung mit den Gesetzen der Schwerkraft ist ein Motiv der Natur, das zunächst im dichteren Medium des Wassers schon mehrmals bis zur Vollendung in Erscheinung getreten ist, um später in wiederholten Anläufen im trockenen feinen Medium der Luft noch einmal in Vollkommenheit zu münden.
Bei den Fliegenden Fischen klingt die Möglichkeit mit kraftvollem Hochschnellen und flossenspreizendem

Gleiten bereits an, ein auch gewisse Fluchtvorteile bringender freundlicher Versuch. Die Flugsaurier haben gerüchtweise Spuren verschollenen Luftlebens im Stein hinterlassen. Fledermäuse, diese kleinen Dämmerungsgespenster, haben auf ihrer vom Daumen über die grotesk verlängerten Finger und Zehen bis zur Schwanzspitze ausgespannten pergamentenen Haut einen Flatter- und Taumelflug entwickelt, der ihnen in dichter Dunkelheit ergiebige Insektenjagd erschließt, sie aber fast völlig der Gehfähigkeit beraubt hat. Auf ihre Sonarortung, heftige Salven von Ultraschallrufen, deren Echo von den großen Ohren blitzschnell aufgefangen und genau analysiert wird, reagieren Beuteinsekten mit ebenfalls taumelndem Flug auf schallschluckenden pelzigen Flügeln — einer Art akustischer Tarnkappe —, mit Wegtauchen und Hakenschlagen, gar mit warnenden Angstschreien. Ein lebhaftes, lautes, nur von uns nicht wahrnehmbares Getriebe erfüllt die Sommernächte. Doch hat dieses Fledermausflattern, ein durchaus erfolgreicher, erst durch den Giftkrieg gegen die Insekten fast beendeter Aufbruch in die Luft, in unseren Augen etwas Uneigentliches; er scheint uns wie eine Nebenlösung der Natur, beheimatet nicht im freien Raum, sondern in Höhlen und Ritzen verkrochen und kopfunter hängend.

Allein der „Vogel, der unter all unseren Blutsverwandten am brennendsten lebt“ (Saint-John Perse), hat sich auf eine Weise in die Lüfte geschwungen, daß ihm von alters her die Träume der Menschen dorthin gefolgt sind. Der Mythos erzählt von Fluchten auf gefiederten Schwingen, bei Daedalus und Ikarus aus kretischer Gefangenschaft, bei Wieland dem Schmied aus dem Elend von Verstümmelung und Fronarbeit bei König Nidudr: „Lachend Wölund in die Luft sich hob“ (Ältere Edda). In der Wirklichkeit fand der Mensch sich

immer wieder zu schwer für Federn und schlagende Arme und Beine. Von Leonardos lebenslangem Beobachten und Entwerfen bis zu Otto Lilienthals frühen Kinderexperimenten mit dem ganzen Anklamer Bestand an Gänsefedern reichen die Versuche.
Vögel mit ihrem leichteren Körper, ihrer dank der nachgeschalteten, bis in die Röhrenknochen reichenden Luftsäcken doppelt, also beim Ein- und beim Ausatmen belüfteten Lungen, mit ihrem unsäglich kunstreichen Gefieder, den starken, vollendet in die Strömung gepaßten Flügeln, sind dem intensiven Leben im leichten Element ideal zugebildet. Sie atmen rascher, haben heißeres Blut und Augen, die den Raum auf uns unvorstellbare Weise wahrnehmen. Falken sehen sechsfach schärfer, können wie wir nach vorne fixieren, aber auch mit beiden Augen getrennt nach den Seiten. Höher, tiefer, weiter dehnt sich die Welt aus solcher Sicht, frei in allen drei Dimensionen. Wie ein Geschoß stürzt der Turmfalke aus hohem Rüttelflug auf die Maus in der Wiese. Baumfalken sind Luftjäger, greifen ihre oft winzige Insektenbeute und kröpfen sie im Flug.
Das Fliegen haben Vögel auf vielerlei völlig unterschiedliche Weise verwirklicht: insektenhaftes Schwirren der Kolibris, wellenförmiges Aufflattern und Fallen der Finken, angestrengt wirkendes, doch rasches Fluchtfliegen der Hühnervögel, etwa der rumpelnd „abreitenden" Birkhähne, die eigentlich lieber zu Fuß flüchten – kurzflügelige Hubflieger sie alle; ganz anders ist die Technik des ruhigen, im gelassenen Auf- und Abschlag immer wieder Höhe gewinnenden Gleitruderns der Möwen und Krähen und noch anders die des stundenlangen Segelns der Greifvögel im warmen Aufwind an Sonnenhängen und über Kornfeldern, der Seevögel über den Wellen. Es gibt Riesen wie die afri-

kanischen Geier, die nur mühsam bis zur nächsten Thermik rudern können, in der sie dann still kreisend die zur Futtersuche nötige Höhe erreichen. Ein einmal entdeckter Aufwind wird sogleich von den großen Seglern der Gegend aufgesucht, und man kann dort oft gemischte Gruppen, Bussarde, Weihen, Möwen, ihre Spiralen emporziehen sehen, ehe sie auf Strecke gehen. Greifvögel und Störche können ihre Winterreise nur von Thermik zu Thermik rudernd über den Landweg von Gibraltar oder am Bosporus bewältigen, wohin ihnen Ornithologenzüge staunend folgen.

Alle Menschen träumen insgeheim jenem Leben in Höhe, Freiheit und Beweglichkeit nach. Liebende – den Verlust der Arme und zärtlichen Hände vergessend – wünschen sich Flügel, um zueinander zu gelangen oder um auszudrücken, was alles Sagbare übersteigt. Brechts Gedicht „Die Liebenden“ beschwört den Flug der Liebe:

„Seht jene Kraniche in großem Bogen!
Die Wolken, welche ihnen beigegeben
Zogen mit ihnen schon, als sie entflogen
Aus einem Leben in ein andres Leben ...“

Das Gedicht endet:

„... So unter Sonn und Monds verschiedenen
Scheiben
Fliegen sie hin, einander ganz verfallen.
Wohin, ihr? – Nirgend hin. – Von wem davon? –
Von allen.“

Gefangenen, Kranken, Mühlseligen und Beladenen stehen im Märchen ein fliegender Teppich, ein Zauberpferd oder ein großer Wundervogel zu Diensten. „Erde, sprach ich, hilf mir auf mit Schweben“ (Wilhelm Lehmann).

Für die Vögel sind Jagd oder angestrengte Reiseflüge, bei denen manche, auch kleine Vögel, tausend und mehr Kilometer ohne Rast über offenes Meer bewältigen, — noch nicht alles in ihrem so viel vollkommener wirkenden Flug-Leben. Viele von ihnen genießen ganz offensichtlich ihr Können. Möwen und Saatkrähen lassen sich in Thermikschläuchen hochtragen wie im Karussell, stürzen in die Tiefe, wiederholen das Spiel. In der Balz, einer Zeit hochgestimmter Lebensfreude, kann man Adler in kunstvollen Girlandenflügen beobachten, Weihen und Falken bei ritueller Futterübergabe in der Luft. Baumpieper flattern hoch und tragen im Abwärtsgleiten ihr Lied vor. Lerchen gar singen im Aufflug über offenem Land, spinnen ihre Strophe endlos weiter — eine unsichtbare Kuppel jubelnden Daseins oft dicht neben der anderen. Die Muster, die ihre Singspuren in die Luft zeichnen, sind kürzlich erfaßt und in einer wissenschaftlichen Arbeit miteinander verglichen worden. „Lied einstellen" lautete ein militärischer Befehl für Soldaten, die bergauf marschieren müssen. Die Lerche hingegen scheint jeder Anstrengung singend enthoben.
Unser Teil sind Staunen und Sehnsucht. Viele Sagen sprechen es aus. Das Motiv der Schwanenmädchen ist weit verbreitet. Auch Wieland gewinnt ein solches, dem er, als er es beim Bad überrascht, das Federkleid fortnimmt: „Mädchen vom Süden / durch den Myrkwind flogen" beginnt das Wölundlied. Doch können diese Mädchen — wie sollten sie auch — ihre frühere Freiheit nicht verschmerzen. Nach lastenden Frauenjahren finden sie im Versteck die Flügel und schwingen sich ohne Abschied empor: „Doch Wölund saß einsam in den Wolfstälern."
Ebenso häufig aber ist das Vogeldasein im Märchen ein Fluch: Die drei Knaben, die während der Sonntags-

messe Karten spielen, werden im Grimm'schen Märchen von der ungeduldigen Mutter in Raben verwunschen, Joringel von der Waldhexe in eine Nachtigall. Die vier Kinder des irischen Königs Lir verzaubert ihre Stiefmutter für drei mal dreihundert Jahre in Schwäne. Dennoch entzückt uns der Flug der Schwäne wie etwa der Anblick weißschimmernder Zwergseeschwalben, wenn sie sich auf schmalen Flügeln so hoch in den flimmernden Küstenhimmel werfen, daß sie darin ganz verschwinden.
Leonardos in der Florentiner Zeit 1503—06 entstandener erstaunlicher Codex vom Vogelflug mit den sehnsüchtigen und zugleich ruhmgierigen Anfangsversen atmet Faszination und Hoffnung auf seinen „Vogel", der vom Monte Cecero herabfliegen sollte.

„Den ersten Flug wird der Vogel beginnen
auf dem Rücken seines mächtigen Cecero,
und er wird mit Staunen erfüllen das Universum,
mit seinem Ruhm
alle Schriften anfüllen
und ewigen Glanz verleihen dem Nest seiner
Geburt."

Leonardo entdeckte den Auftrieb, forderte eine genaue Aerodynamik, spielte mit Heißluftballons.
Dem Traum vom Fliegen mag Otto Lilienthal mit seinen Gleitflüglern, die viel akrobatisches Können verlangten, am nächsten gekommen sein. Er entdeckte die strömungsgünstig gebogene, nach hinten zu schmal auslaufende Flügelform, rechnete, experimentierte und hörte doch nie auf zu träumen. Im „Buch vom Vogelflug" schreibt er über das „sanfte Biegen der Luft mit der gewölbten Fläche", voller Sehnsucht nach dem Spiel mit dem Wind, das auf den wenig biegsamen und kaum verwindbaren Gleitern ohne eigenen Antrieb

doch viel zu gefährlich blieb. Er zahlte mit seinem Leben.
Erst als mechanisches Denken die Phantasie vom Vogelflug ablöste, als man die im Wasser längst benutzte Schraube gewaltsam in die Luft trieb, sozusagen das Prinzip der Windmühlen umkehrend, und als man von Vögeln und Fischen nur mehr die Stromlinienform entlehnte, fügte sich das Luftmeer dem Menschenwillen. Doch flog nun nicht der Mensch, sondern die Maschine flog mit ihm. Nur Drachenflieger und Segelflieger spüren etwas vom wirklichen Flug. Sie ruhen unmittelbar auf der Luft, nutzen Druck und hebende Strömungen. Einem im gefährlichen Aufwind vor einer Gewitterfront oder über einem Kornfeld emporkreisenden Segelflieger, dem nur die Luft in den Ohren singt, folgen zuweilen Greifvögel wie ihresgleichen, nutzen die von ihm entdeckte Thermik. Daß ausgerechnet sie, die Vögel, eine unkalkulierbare Gefahr geworden sind für die Düsentriebwerke großer Flugzeuge, zeigt noch einmal, wie verschieden, ja feindlich die Prinzipien des gleitenden und die des mechanischen Fliegens sind. Vogelschlag ist gefürchtet — wenn auch der Flugverkehr längst sehr sicher geworden ist. Daß Flugzeuge unermeßliche Mengen an giftigen Abgasen ausstoßen, weist neben dem dröhnenden Lärm ihrer Motoren auf die Gewaltsamkeit hin, mit der jener alte sanfte Traum durch sie nicht verwirklicht, sondern vernichtet worden ist.
Weit war der Weg der Menschen bis dorthin. Noch im späten Mittelalter galt die aristotelische Lehre einer eigentümlichen, den Flug bedingenden Lebenskraft und eines „horror vacui", der hinter einem Geschoß die aufgerissene Luft wieder zusammenstürzen lassen und eine vorwärtstreibende Kraft erzeugen sollte. Unsere heutige Vorstellung der Luft ist geprägt vom Be-

griff einer aus rund vier Teilen Stickstoff und einem Teil Sauerstoff sowie einigen weiteren Gasen zusammengesetzten leichten Materie. Wie diese entstanden sei und woher der lebensnotwendige, von den grünen Pflanzen im Gleichgewicht gehaltene Sauerstoff, Grundlage von Atmung und Verbrennung, stamme, darüber gibt es nur Hypothesen. Wir wissen lediglich, daß es auch Leben ohne Sauerstoff gibt, etwa auf der Grundlage von Schwefel in der Tiefsee oder von Stickstoffverbindungen im luftabgeschlossenen Milieu. Und wir wissen inzwischen auch, daß unsere scheinbar unerschöpfliche Luft empfindlich, gefährdet ist. Nicht nur droht durch die industriell extrem gesteigerte Rohstoffverbrennung eine Minderung von Sauerstoff und eine Mehrung von Kohlendioxid, sondern Rückstände und Substanzen aller Art treiben über die Erde hin, unheimliche Reste unseres gierigen Konsums und unserer listigen Manipulation der Naturstoffe.

Die Luft, zart tönend in Windharfe oder Flöte, spiegelndes, schimmerndes, flüchtiges Meer, wo die Winde wohnen, die Wolken und der Regen, wo Mücken tanzen, Schwalben jagen und Adler kreisen, diese Luft trägt nun Gift mit sich; unzuträglicher Regen läßt Gewässer und Wälder sterben. Es hilft uns nichts, wenn wir die Fenster schließen wie unsere Vorväter gegen die feuchte Nachtluft, die das Fieber aus den Sümpfen brachte. Mit Beklemmung erleben wir den mühsamen Kampf um sogenannte TAL-Zahlen, um verkleinerte Mengen von Gift aus Industrieschloten, Schwefel und Stickoxide vor allem. Welch ein Ringen und Zögern allein vor der längst überfälligen Entgiftung unserer Autos! Ein Narrenspiel am Rande des Abgrundes, der unsere Fortschrittsjahrhunderte schon zu verschlingen beginnt; eben sie haben uns offensichtlich vor allem

über kurzsichtigen Egoismus, über Bequemlichkeit und vermeintlichen Nutzen aufgeklärt.
Könnte vielleicht das Waldsterben eine letzte Chance sein für die Luft, die uns umhüllt, trägt und durchströmt? Könnten die zarten Silhouetten sterbender und die Skelette toter Bäume nicht nur Mahnmäler, sondern auch Hoffnungszeichen bedeuten? An diesem Sterben sind wir schuld. Wir werden darüber die Verantwortung lernen, die uns bisher gefehlt hat.
Die Vorstellungen der Menschen von der Luft waren einmal völlig andere. Pythagoras unterschied in seiner Elementenlehre im 6. Jahrhundert v. Chr. die Luft vom feineren Äther, dem Himmelsblau (nach Hesiod der Gott der reinen Himmelsluft, Sohn der Nacht), der bis ins 19. Jahrhundert im Weltenraum gedacht wurde und etwa durch Wellenbewegung die Ausbreitung des Lichtes ermöglichen sollte. Für seinen Zeitgenossen, den Naturphilosophen Anaximenes, waren Luft und Wind Schöpferkräfte, körperlos schaffendes Prinzip und zugleich wahrnehmbar in Wärme und Kälte. Der feine Urstoff der Stoiker, das Pneuma, war gedacht als Weltseele, die in allem wirkte und es erfüllte. Im biblischen Schöpfungsbericht ist von Wassern und Erde die Rede und von Vögeln unter dem Himmel; sie gehören also der Erde an, nicht der Luft, die als ungeschaffen erscheint. Gott bläst dem aus Erde gebildeten Menschen seinen Atem ein, der Pneuma, der Lebenskraft ist. Atemkranke erfahren in ihren Anfällen als Qual die elementare Bedürftigkeit des auf Luft angewiesenen Lebendigseins, das ausgespannt ist zwischen dem Schrei des ersten und dem Seufzer des letzten Atemzuges.
Der biblische Gott spricht aus der Wolke, erscheint seinem Volk in der Luft als Wolke, als Feuersäule, und er hat den Regenbogen gesetzt in die Wolken als Zei-

chen des Bundes zwischen sich und der Erde. Paulus verheißt, daß wir „hingerückt werden in den Wolken, dem Herrn entgegen in der Luft". Mögen auch die Begriffe, mit denen wir im Augenblick noch unsere Welt interpretieren, solche Bilder scheinbar nicht beglaubigen; in der Dichtung ist die „Atemwende" schon vollzogen, dieses Sich-schräg-Legen und Höhe-Gewinnen (Paul Celan):

„. . . was du noch bist, legt sich schräg.
Du gewinnst
Höhe." („Freigegeben" in „Lichtzwang")

Solche Metaphern sind durchaus keine unverbindlichen Träumereien vom Fliegen, sondern sie zeigen die Hoffnung an auf einen neuen Menschen. Anstatt auf der Erde zu lasten wie ein Alp, sie mit Ansprüchen erdrückend und unter Abfall begrabend, wird er fähig werden müssen, leicht auf ihr zu leben.

Dieser neue Mensch, der Homo oecologicus, wird verzichten und verantworten müssen. Die Kraft zu dieser schwierigen Haltung kann nur aus der Anschauung kommen, aus dem aufmerksamen, dem liebevoll begeisterten Blick zum Beispiel auf Libellen, Mauersegler, Altweiberfäden. Darum ist es überlebenswichtig, all dies, was in der Natur, auf sich beruhend, noch da ist, im Dasein zu bewahren. Für eine ausgeplünderte Welt würde es nicht lohnen zu leiden.

„Wenn Macht, wie sie nun hergestellt wurde, nirgend anderswo fehlte, so mußte sie gehext sein. War so viel Glaube an Zauberei, so viel Einfalt, so viel Aberglaube, so viel Unwissen möglich, mitten in so aufgeklärter, listiger Neuzeit?
Allmählich kommt es zum Vorschein: Aus den Dingen wurde die Macht gerissen, aus den Dingen, woher sonst denn. Die Dinge sind's, die hergaben, zahlten und die nun hinschwinden, sterben ...
Eine Stadt. Der Fluß und die Sterne. Und die erstaunende Nacht. Und der Morgen, der so war, wie vor diesem Morgen noch keiner war. Wie mächtig war alles. Es sind ja noch die Gedichte da, die bezeugen, wie mächtig das war."

„Es hätte mehr Aussicht gehabt, einem hochmütigen Aristokraten aus der Zeit Ludwigs des Fünfzehnten ein Gefühl für das Volk, die Krapüle, zu wecken, als einen der Getriebenen, die der Fort-Sturz der Wissenschaft mitreißt, auf den Gedanken zu bringen, daß es einen Vortrag gab zwischen uns und den Dingen, und daß wir, wir es waren, die diesen Vertrag brachen."

Erhart Kästner

Abschied und Ankunft der Natur

Als zu Beginn der achtziger Jahre immer mehr Menschen an der Natur Anzeichen von Störung, Schwäche, Krankheit erkennen konnten, füllten sich die Zeitungsspalten mit den großen Waldklagen und vor allem -anklagen. Aber der Begriff „Ökologie", kaum in Mode gekommen, verengte sich zusehends. Die sogenannte „ökologische" Sicht barg eine Vorstellung von der Natur, die eher aus der Kybernetik zu stammen schien denn aus der lebendigen Wirklichkeit: Um elektrische Schaltkreise, Kabelnetze, Systemmodelle schien es zu gehen und – das vor allem – um den ganz großen Zorn. Zorn auf wen eigentlich? Die Industrie stand nun am Pranger. Dabei erstaunt es einigermaßen, inwieweit die Ankläger sich selbst draußen halten zu können glauben, als ob sie nicht auch im eigenen oder fremden Auto führen, Winter-, Sommer- und mehrere Zwischenurlaubsreisen unternähmen, Stereoanlagen besäßen und sich selbstverständlich bester medizinischer Versorgung erfreuten. Es mag wohl auch hier so zugehen, daß, um mit Odo Marquard zu reden, man das Gewissen nicht mehr zu haben braucht, wenn man das Gewissen wird bzw. sich dazu macht.

Und wo bleibt bei alledem der Wald selber?

Von Barbara Bondy, der Literaturkritikerin und Redakteurin der Seite „Gesellschaft und Familie" in der „Süddeutschen Zeitung", kam der Gedanke, beginnend mit dem Thema „Wald", einige Landschaften in ihrer Besonderheit zu beschreiben, um zu zeigen, was da eigentlich auf dem Spiel steht, wie groß unsere Verluste sein würden. So entstanden in loser Folge seit 1982 mehrere Landschaftsaufsätze, die zur Grundlage für „Lichtwende" wurden.

Der Ansatz ist kein im verengten Sinne nur ökologischer, auch kein rein biologisch-geologischer. Beide Aspekte sind wichtig, aber entscheidend erschien der natur- und kulturgeschichtliche Blickwinkel. Landschaft ist ja keine unveränderliche Kulisse für Tun und Treiben von „Homo sapiens sapiens" (so unser derzeitiger Artname). An dessen Weisheit stellen sich neuerdings so fressende Zweifel ein, daß viele Umweltengagierte diese in Verruf geratene Spezies Säugetier mit dem hypertrophierten Großhirn am liebsten abtreten ließen und die sozusagen heilen Eiszeittundren oder vielleicht die Braunkohlenregenwälder, das Kreidemeer oder — ja was eigentlich wiederhergestellt sähen? Wer bestimmt denn überhaupt, was heil ist? Und was hieße dann noch „sehen"?
Die Haltung des Katzenjammers nach der kaum zu Ende gegangenen Phase der großen Fortschrittseuphorie ist absurd. Den selbsternannten Propheten des Untergangs ist sowenig zu trauen wie denen, die das bevorstehende Paradies auf Erden verhießen. Häufig mögen es sogar dieselben Leute sein. Beiden gemeinsam ist, daß sie sich eine andere als die von Menschen gemachte Endzeit, sei es als Paradies, sei es als Weltuntergang, gar nicht mehr vorstellen können.
Der Anfang dieser geradlinig in einen heilen oder unheilen irdischen Endzustand führenden Zukunftsvorstellung ist noch nicht sehr alt. Es ist etwas Eigenartiges mit diesem Anfang. Gerade als unter Mithilfe von Columbus allen endgültig klar wurde, daß die Erde rund — also rundum begrenzt — sei, als unter Mitwirkung von Kopernikus sich die Überzeugung durchsetzte, daß sie um die Sonne kreise — also selbst nur Teil eines nicht auf uns zentrierten Universums sei —, gerade in diesem Weltaugenblick beschlossen die Erdeinwohner unter Anleitung von Vordenkern wie

Francis Bacon, zur Verlängerung, Steigerung, Verbesserung ihres eigenen Lebens die Natur von Grund auf so richtig auszubeuten und hierbei auf eine keineswegs eigens bedachte Unendlichkeit mitten im Begrenzten zu zählen. Als ob der Verlust der fest im Glauben verankerten alten Unendlichkeit mit der Illusion einer neuen hätte aufgewogen werden müssen. Dieser Wandel hat sich zunächst ganz langsam vollzogen, hat rund dreihundert Jahre gezögert, aber dann im 19. Jahrhundert kam die Beschleunigung. Einerseits hielt man nun die Erde blindlings für ein unerschöpfliches Reservoir an Vorräten und Überraschungen wie eine Riesenweihnachtsbescherung; nebenher aber sollte bei aller Zumutung an Abfall das Wasser trotzdem ewig kristallen sprudeln, die Luft sollte trotz qualmender Schornsteine uns immer frisch umfächeln. Man hat wohl an Zauberei geglaubt.

All dies widerspricht jedoch den Grundsätzen genau jener Wissenschaft, nach deren Regeln wir heute die Natur manipulieren. Daß Wasser salzig wird, wenn man Salz hineintut, daß Luft sich verändert, wenn man ihr Gase zufügt, dieses weiß jeder Chemiestudent im ersten Praktikum, wenn er Salzkonzentrationen mißt oder fluchtartig den übelriechenden Schwefelwasserstoffraum verläßt. Smog-Alarm findet jedoch nur statt, wenn bei winterlichem Hochdruck kein starker Wind weht. Als ob der Wind mehr könnte, außer Giftgase vom Entstehungsort anderswohin zu blasen ...

Es ist wie mit allen Fehlentwicklungen: Je weiter man in einen Prozeß hineingeraten ist, desto schwerer ändert man die Richtung. Der vom Gespenst der Arbeitslosigkeit bedrohten westlichen Industrie wird mit den fast über Nacht aus allen Richtungen einstürzenden ökologischen Forderungen nun plötzlich eine Last aufgebürdet, die unser mühsam genug ausbalanciertes

Wirtschaftsgefüge bedroht, zumal die Bevölkerung der hochindustrialisierten freien Welt seit langem gewöhnt ist, ihre ohnedies hohen Ansprüche immer weiter zu steigern, und daran festhält — trotz lauthals verkündeter gegenteiliger Behauptungen. Für Europa kommt die Schwierigkeit hinzu, daß viele wirtschaftlich uneinige Einzelstaaten ökologisch aneinandergekettet und mit dem unbeweglichen, imperialistisch vereinheitlichten Koloß Ostblock konfrontiert sind, dessen Ideologie fest auf der stets fortschreitenden Naturausbeutung beruht und schon deshalb, vor allem aber auch wegen seiner ökonomischen Impotenz, ökologisches Denken in eigener Sache gar nicht erst aufkommen läßt. Er verbreitet dieses Denken aber um so freudiger durch propagandistische Stellvertreter, wenn es sich um westliche Firmen handelt. Das Sowjetimperium seinerseits produziert wenig Ware mit viel Schadstoffen und ist dabei schon ohne Umweltrücksichten auf dem Weltmarkt nicht konkurrenzfähig. Diese Ineffizienz ist ökologisch besonders gefährlich. Für den einfachen Bundesbürger ist es dann erbitternd, zuschauen zu müssen, wie sein Staat zum Beispiel dem billig produzierenden VEB Kali in der DDR Entsalzungsanlagen bezahlt, damit Werra und Weser entlastet werden, nachdem nicht einmal mehr Flundern in diesen Flüssen gedeihen.

Natur ist Wildnis. Als abweisend und gefährlich erlebten die Menschen sie die längste Zeit. Dann haben sie diese Wildnis gestaltet, vertrieben — schließlich sie voller Sehnsucht wieder gesucht. Nun zieht sich die Wildnis zurück und entsteht zugleich neu und erschreckend: als Steppe, Wüste, Fels. Sosehr wir der Wildnis auch zugesetzt haben, sie kommt zurück, und zwar immer von weiter her, als der Zugriff unserer Hände und Begriffe reicht, sie kommt stets von neuem auf uns zu. An uns allerdings liegt es heute, welche Wildnis es diesmal sein wird, die schöne, reich gestaltete von Laubwald, Quellmoor, Flußdelta oder die karge von Stein und Geröll.

Wir werden lernen müssen, unser immer brennenderes Verlangen nach unberührter Natur angesichts unserer eigenen Vermehrung und unserer gesteigerten technischen Macht im Zaum zu halten. Das Menschenrecht auf Wald, Ufer, Gebirge bedarf dringend der Einschränkung, weil der moderne Freizeitbürger, diese spätnomadische Spezies, Städter durch und durch, geradezu mit Heißhunger der Wildnis auf den Fersen ist. Ihr muß, sofern sie überleben sollte, die Chance bleiben, derer sie auch zu unserem Wohle bedarf.

Es gilt, den Tierparkgedanken auf die Landschaft zu übertragen. Der Garten ist daher neu zu entdecken, diesmal nicht der am Rande der Wildnis, sondern der Garten als Zuflucht für ihre Reste, als Artengarten, Landschaftsgarten, Meditationsgarten. Auch in ihm ist die Natur ganz gegenwärtig.

Ansätze dazu zeigte die Münchner Gartenbauausstellung von 1983. Auf einigen vergessenen, von der Weststadt längst eingeholten Feldern und Schafweiden über kargem Schotterboden hat man ein künstlich reich strukturiertes Gelände geschaffen, wo Millionen Besucher, ohne der draußen noch verbliebenen Natur zur Last zu fallen, neben traditionellen Blumenbeeten auch reizvolle Kleingärten sowie Wasserbiotope, Feuchtwiesen, Trockenheide, Gebirgsmatten erlebt haben. Ähnliches bietet schon lange der Innsbrucker Alpenzoo. Er zeigt einheimische Tiere in einigermaßen natürlicher Umgebung, denen man draußen, wenn überhaupt, so nur um den Preis schlimmer Störung ihrer letzten Reviere begegnen würde: Auerhahn, Fischotter, Uhu oder gar den seit dem 17. Jahrhundert in den

Alpen ausgerotteten Waldrapp, einen seltsamen schwarzroten Ibis, der mit wenigen, ständig abnehmenden Gelegen noch am Euphrat und in Marokko brütet.

Der ältere zweite Schöpfungsbericht trägt den Menschen auf, den Garten zu bauen und zu bewahren, der dank „Flut (Nebel) von der Erde“, die „alles Land feuchtete“, gewachsen war. Darin ist ein Bild der vor dem Erscheinen der Vegetation kahlen, trockenen Steinwüste auf der Erdoberfläche enthalten.

Der Mensch als Gärtner der Welt, um das werden zu können, müssen wir uns noch eine Menge einfallen lassen, besonders in Wissenschaft und Technik, ohne die kein Weiterkommen zu denken ist. Vor allem aber muß Weisheit uns ergreifen im Gefolge der Dichter, der Nachfahren der Propheten. Wir müssen uns in die „baumhohen Gedanken“ einüben, denn ohne sie würde uns die Kraft zu allem, vor allem zu den Opfern mangeln, die ein Bauen und Bewahren des Gartens uns auferlegt.

Die Natur, verdrängt, entstellt und doch weiterhin uns tragend, kann uns da, wo sie in ursprünglicher Gestalt — schön oder furchtbar — in Erscheinung tritt, noch immer mit gleicher Wucht berühren wie ehedem, als wir ihr ausgeliefert waren. Ja, sie hat in diesem Abendlicht, das die Dinge wie von innen heraus aufleuchten läßt, eher noch größere Überzeugungskraft gewonnen, eine Kraft zeitlosen Ursprungs, die immer wirkt, wo etwas unmittelbar einleuchtend ist: Mauersegler, den Himmel durchschneidend mit Flug und Schrei; Kirschblüten an dunklem Waldrand; klar strömendes Wasser, an dessen Grund sich lange Strähnen des flutenden Hahnenfuß bewegen.

Der Begriff „Ökosystem“ erfaßt keineswegs das ganze Erscheinungsbild verschiedener Lebensgemeinschaf-

ten, Regionen, Landschaften der Erde. Er beschreibt höchstens einen Teilaspekt, nämlich den des Zusammenspiels einzelner Glieder, wenn man sie vom Standpunkt eines unbeteiligten Beobachters aus betrachtet, der sich für die Mechanik eines sich selbst regulierenden Systems interessiert. Eine solche Sicht, zur alleinigen erhoben, verwechselt eine notwendige Bedingung mit dem Ganzen.
Diese zum nunmehr rasch veraltenden Denken gehörige Sicht verliert ihren einst begeisternden Glanz. Ankommen vor unseren staunenden Augen will nicht ein vernetztes System, kein komplizierter Mechanismus, nein, ankommen will ein Reichtum an Gestalt und Schönheit ohnegleichen, wie ihn kein Auge bisher wahrgenommen hat. Es ist eine Epiphanie der Natur, wie sie im Glanz der Abendsonne erscheint, die jedes Ding mit einer Aura umflutet. Das Abschiedsgesicht der Natur in dieser Lichtwende ist zugleich ein Ankunftsgesicht nach der zu Ende gehenden Epoche einer nur ausbeutenden Menschenherrschaft, einem neuen Tag entgegen.
Im Blick auf die als sterblich erkannten Mitgeschöpfe, ansprechend, benennend, nähern wir uns erst unserer eigenen vollen Identität. Mit ihrem Abnehmen nehmen auch wir ab. Die Not des drohenden ökologischen Zusammenbruchs fällt in eins mit dem Entzücken an der Natur und der Sorge um die Rettung ihrer Vielfalt. Es sind zwei Seiten des geschichtlichen Augenblicks, in dem wir den anderen Teil des Schöpfungsauftrages bemerken, den der Verantwortung in einer beim Namen genannten und so zu eigen genommenen Welt — wahre Mündigkeit. Auch für die Natur gilt: Unsere Klage soll sich in ein Rühmen verwandeln!

Quellenvermerke

Wir danken den Verlagen für die Genehmigung zum Nachdruck der Gedichte, die hier in der Reihenfolge des Erscheinens genannt werden:

Günter Kunert „Lascaux", aus: Stilleben, Gedichte. Carl Hanser Verlag, München/Wien 1983

Paul Celan „Vom Anblick der Amseln", aus: Atemwende. Suhrkamp Verlag, Frankfurt a. M. 1968

Wilhelm Lehmann „Amrum", aus: Sämtliche Gedichte, Band 1 der Gesamtausgabe. Klett-Cotta, Stuttgart 1982

Peter Huchel „Die Wasseramsel", aus: Gezählte Tage. Suhrkamp Verlag, Frankfurt a. M. 1972

Reiner Kunze „Dauerregen über Passau", aus: auf eigene hoffnung. S. Fischer Verlag, Frankfurt a. M. 1981

Sarah Kirsch „Moorland", aus: Katzenleben. Deutsche Verlags-Anstalt GmbH, Stuttgart 1984

Clemens Podewils „Denk es wie grün", aus: Wegwarte. Neske Verlag, Pfullingen 1978

Christine Busta „Wiesmaden — Waldviertel", aus: Wenn du das Wappen der Liebe malst ... Otto Müller Verlag, Salzburg 1981

Rainer Maria Rilke „Der Berg", aus: Werke in drei Bänden. Insel Verlag, Frankfurt a. M. 1966

Friedrich Georg Jünger „Flugspiele", aus: Schwarzer Fluß und windweisser Wald. Verlag Vittorio Klostermann, Frankfurt a. M. 1955

Erhart Kästner, aus: Aufstand der Dinge. Insel Verlag, Frankfurt a. M. 1973

TEXTE + THESEN

GESAMTVERZEICHNIS

Politik

Dalma, Rovan, Vermehren, Rasumovsky, Ramseier
Euro-Kommunismus
ISBN 3-7201-5079-8

Fromme, Friedrich K.
Der Parlamentarier — ein Freier Beruf?
ISBN 3-7201-5103-4

Gysling, Erich
Arabiens Uhren gehen anders
ISBN 3-7201-5149-2

Heck, Bruno
Vaterland Bundesrepublik?
ISBN 3-7201-5174-3

Hillgruber, A./Hildebrand K.
Kalkül zwischen Macht und Ideologie
ISBN 3-7201-5125-5

Höpker, Wolfgang
Aktionsfeld Pazifik
ISBN 3-7201-5112-3
Höpker, Wolfgang
Sozialistische Internationale
ISBN 3-7201-5148-4

Kirsch, Botho
Kalter Friede — was nun?
ISBN 3-7729-5053-1

Kisielewski, Stefan
Polen — oder die Herrschaft der Dilettanten
ISBN 3-7201-5111-5

Langguth, Gerd
Der grüne Faktor
Von der Bewegung zur Partei?
ISBN 3-7201-5169-7

Laufer, Heinz
Bürokratisierte Demokratie
ISBN 3-7201-5157-3

Lendvai, Paul
Das einsame Albanien
ISBN 3-7201-5177-8

Lobkowicz, Nikolaus
Marxismus und Machtergreifung
ISBN 3-7201-5101-8

Mayer-Tasch, Peter C.
Die Welt als Baustelle
ISBN 3-7201-5143-3

Meissner, Boris
Sowjetische Kurskorrekturen
ISBN 3-7201-5168-9

Oberreuter, Heinrich
Kann der Parlamentarismus überleben?
ISBN 3-7201-5093-3

Oberreuter, Heinrich
Übermacht der Medien
ISBN 3-7201-5144-1

Oberreuter, Heinrich
Parteien — zwischen Nestwärme und Funktionskälte
ISBN 3-7201-5165-4

Ortlieb, Heinz-Dietrich
Was wird aus Afrika?
ISBN 3-7201-5074-7

Ortlieb, Heinz-Dietrich
Vom totalitären Staat zum totalen Egoismus
ISBN 3-7201-5105-0

Pauls, Rolf F.
Rettet uns die Rüstungspolitik?
ISBN 3-7201-5152-2

Roegele, Otto B.
Medienpolitik — und wie man sie macht
ISBN 3-7729-5040-X

Rühle, Hans
Angriff auf die Volksseele
Über Pazifismus zum Weltfrieden?
ISBN 3-7201-5175-1

Sontheimer, Kurt
Der unbehagliche Bürger
ISBN 3-7201-5122-0

Ströbinger, Rudolf
Roter Kolonialismus
ISBN 3-7201-5131-X

Ströbinger, Rudolf
Poker um Prag
ISBN 3-7201-5181-6

Veen/Meissner/Domes/Kux/
Mertes
Wandel im Kommunismus
ISBN 3-7201-5114-X

Weidenfeld, Werner
Ratlose Normalität
Die Deutschen auf der Suche
nach sich selbst
ISBN 3-7201-5172-7

Wingen, Max
Kinder in der Industriegesellschaft
— wozu?
ISBN 3-7201-5146-8

Zimmermann, Ekkart
Massen-Mobilisierung
ISBN 3-7201-5163-8

Zöller, Michael, Hrsg.
Aufklärung heute
ISBN 3-7201-5126-3

Wirtschaft

Andreae, Clemens-August
Vom Boß zum Partner
ISBN 3-7201-5154-9

Huppert, Walter
Sozialpolitik — Stolz der Nation
ISBN 3-7201-5145-X

Jenny, Hans
Das neue Afrika
ISBN 3-7201-5127-1

Jungblut, Michael
Je mehr er hat, je mehr er will . . .
ISBN 3-7201-5133-6

Kirsch, Botho
Zwischen Marx und Murks
ISBN 3-7201-5123-9

Obst, Werner
Reiz der Idee —
Pleite der Praxis
Ein deutsch-deutscher
Wirtschaftsvergleich
ISBN 3-7201-5158-1

Pentzlin, Heinz
Arbeitslos — Los der Zukunft?
ISBN 3-7201-5085-2

Schoeck, Helmut
Ist Leistung unanständig?
ISBN 3-7729-5013-2

Zeller, Willy
Die unvollendete Union
ISBN 3-7201-5092-5

Gesellschaft

Fisch, Mascha M.
Zwischen Abenteuer und Frust
Frauen in ungewöhnlichen
Berufen
ISBN 3-7201-5173-5

Helbling, Hanno, Hrsg.
Religionsfreiheit im
20. Jahrhundert
ISBN 3-7201-5094-1

Helle, Horst J.
Familie — Zwischen Bibel
und Kinsey-Report
ISBN 3-7729-5046-9

Hellmer, Joachim
Verdirbt die Gesellschaft?
ISBN 3-7201-5132-8

Höhler, Gertrud
Gesinnungskonkurrenz der
Intellektuellen
ISBN 3-7201-5106-9

Hölder, Egon
Durchblick ohne Einblick
ISBN 3-7201-5179-4

Hoff, Klaus
Wie modern ist konservativ heute?
ISBN 3-7729-5038-8

Klose, Werner
Stafetten-Wechsel
Fünf Generationen
formen unsere Welt
ISBN 3-7201-5160-3

Kühn, Evelyn
Viel Staat —
doch wenig Recht
ISBN 3-7201-5**137**-9

Lehr, Ursula
Ist Frauenarbeit schädlich?
ISBN 3-7201-5**116**-6

Lenk, Hans
Eigenleistung
Plädoyer für eine
positive Leistungskultur
ISBN 3-7201-5**164**-6

Lenk, Hans
Die achte Kunst
Leistungssport — Breitensport
ISBN 3-7201-5**176**-X

Leuenberger, Theodor
Lebenskonzepte: Brauchen
wir veränderte Leitbilder?
ISBN 3-7201-5**139**-5

Lindner, Roland, Hrsg.
Verspielen wir die Zukunft?
Gespräche über Technik
und Glück
ISBN 3-7201-5**150**-6

Lobkowicz, N./Hertz, A.
Am Ende aller Religion?
ISBN 3-7201-50**77**-1

Lübbe, Hermann
Zwischen Trend und Tradition
ISBN 3-7201-5**136**-0

Maier, Hans
Die Grundrechte des Menschen im
modernen Staat
ISBN 3-7729-50**36**-1

Mast, Claudia
Aufbruch ins Paradies?
Die Alternativbewegung
und ihre Fragen an die
Gesellschaft
ISBN 3-7201-5**124**-7

Mast, Claudia
Zwischen Knopf und Kabel
ISBN 3-7201-5**161**-1

Meier-Bergfeld, Peter
Staats(ver)diener?
ISBN 3-7201-5**166**-2

Meves, Christa
Werden wir ein Volk
von Neurotikern?
ISBN 3-7201-50**81**-X

Noelle-Neumann, Elisabeth
Werden wir alle Proletarier?
ISBN 3-7201-5**102**-6

Noelle-Neumann, Elisabeth
Eine demoskopische
Deutschstunde
ISBN 3-7201-5**155**-7

Roegele, Otto B., Hrsg.
Das dritte Alter
ISBN 3-7729-50**43**-4

Roegele, Otto B.
Was wird aus dem gedruckten
Wort?
ISBN 3-7201-50**99**-2

Roegele, Otto B.
Neugier als Laster und Tugend
ISBN 3-7201-5**142**-5

Schmitz-Moormann, Karl
Menschenwürde
ISBN 3-7201-5**117**-4

Silbermann, Alphons
Der ungeliebte Jude
ISBN 3-7201-5**134**-4

Silbermann, Alphons
Was ist jüdischer Geist?
ISBN 3-7201-5**167**-0

Streithofen, Basilius H.
Schlüsselwort Frieden
ISBN 3-7201-5**147**-6

Usbeck, Ilse
Studenten-Muffel
ISBN 3-7201-5**153**-0

Wilhelm, Theodor
Die Rede vom Partner
ISBN 3-7201-5**129**-8

Wingen, Max
Nichteheliche
Lebensgemeinschaften
Formen — Motive — Folgen
ISBN 3-7201-5**171**-9

Wulffen, Barbara von
Zwischen Glück und Getto
ISBN 3-7201-5**128**-X

Kultur/Bildung

Betz, Werner
Verändert Sprache die Welt?
ISBN 3-7201-5097-6

Claus, Jürgen
Umweltkunst
ISBN 3-7201-5151-4

Heuschele, Otto
Gespräche zwischen den Generationen
ISBN 3-7201-5119-0

Maier, Hans
Sprache und Politik
ISBN 3-7201-5080-1

Mensing, Wilhelm
Maulwürfe im Kulturbeet
ISBN 3-7201-5156-5

Nipperdey, Thomas, Hrsg.
Hochschulen zwischen Politik und Wahrheit
ISBN 3-7201-5140-9

Roellecke, Gerd
Wird das Falsche falsch studiert?
ISBN 3-7201-5118-2

Rosenberg, Alfons
W. A. Mozart
ISBN 3-7201-5076-3

Ross, Werner
Mit der linken Hand geschrieben . . .
Der deutsche Literaturbetrieb
ISBN 3-7201-5170-0

Rüegg, Walter, Hrsg.
Konkurrenz der Kopfarbeiter
Universitäten können besser sein:
Ein internationaler Vergleich
ISBN 3-7201-5182-4

Schmitt, Hatto H.
Vademecum für empörte Eltern
ISBN 3-7201-5096-8

Seel, Wolfgang
Das anstrengende Vorbild
Japan — vom Kindergarten bis zur Industrieforschung
ISBN 3-7201-5159-X

Seel, Wolfgang
Bildungs-Egoismus
ISBN 3-7201-5180-8

Natur/Umwelt

Hammer, Felix
Selbstzensur für Forscher?
ISBN 3-7201-5162-X

Illies, Joachim
Nicht Tier, nicht Engel
ISBN 3-7201-5059-3

Illies, Joachim
Adolf Portmann, Jean Gebser, Johann Bachofen
Drei Kulturforscher
ISBN 3-7201-5067-4

Illies, Joachim
Der Mensch in der Schöpfung
ISBN 3-7201-5088-7

Illies, Joachim
Schöpfung oder Evolution
ISBN 3-7201-5121-2

Illies, Joachim
Theologie der Sexualität
ISBN 3-7201-5135-2

Jordan, Pascual
Wie frei sind wir?
ISBN 3-7201-5018-3

Maier-Leibniz, Heinz
An der Grenze zum Neuen
ISBN 3-7201-5090-9

Maier-Leibniz, Heinz
Der geteilte Plato
ISBN 3-7201-5138-7

Mayrhofer, Franz
Warum sind alle unzufrieden?
ISBN 3-7201-5130-1

Verhülsdonk, Eduard
Logenplatz im Universum
ISBN 3-7729-5012-4

Wulffen, Barbara von
Lichtwende
ISBN 3-7201-5178-6

Die Reihe wird fortgesetzt. Fordern Sie Sonderprospekte an:

Edition Interfrom · Zürich
Vertrieb für die Bundesrepublik Deutschland:
Verlag A. Fromm · Osnabrück